I0074220

注塑宝典

The Injection Molding Bible

王东东　著

Billson International Ltd.

Published by
Billson International Ltd
27 Old Gloucester Street
London
WC1N 3AX
Tel:(852)95619525

Website:www.billson.cn
E-mail address:cs@billson.cn

First published 2025

Produced by Billson International Ltd
CDPF/01

ISBN 978-1-80377-156-4

©Hebei Zhongban Culture Development Co.,Ltd All rights reserved.

The original content within this product remains the property of Hebei Zhongban Culture Development Co.,Ltd, and cannot be reproduced without prior permission. Updates and derivative works of the original content remain the property of Hebei Zhongban. and are provided by Hebei Zhongban Culture Development Co.,Ltd.

The authors and publisher have made every attempt to ensure that the information contained in this book is complete, accurate and true at the time of printing. You are invited to provide feedback of any errors, omissions and suggestions for improvement.

Every attempt has been made to acknowledge copyright. However, should any infringement have occurred, the publisher invites copyright owners to contact the address below.

Hebei Zhongban Culture Development Co.,Ltd
Wanda Office Building B, 215 Jianhua South Street, Yuhua District, Shijiazhuang City, Hebei province, 2207

前言

一、引言

注塑行业是塑料加工行业中的重要组成部分，其发展历程和趋势反映了塑料工业的技术进步和市场变化。随着全球经济的持续下滑和消费需求的不断低迷，注塑行业正面临着前所未有的机遇和挑战。以下将对注塑行业的发展进行简要分析，并探讨其未来的发展趋势。

本人从事注塑 3C 行业多年，在生产、工程、模具等几个部门都有相当的经验，深知要解决产品的问题不是其中那一个环节能搞定的。要综合产品设计、模具设计、原料、机台、工艺等原因去优化改善。但现在能在这几个方面都懂的人才太少，能把这几个方面综合运用来提出解决方案的人更是凤毛麟角。因为这可能跟注塑行业没有统一的标准和规范有关。我们国家的精密注塑都是改革开放后，日本、韩国、中国台湾、中国香港等企业来大陆投资设厂，我们直接和工厂的师傅靠经验学。而这些企业大都是从欧美厂接订单代工做产品，欧美最早也没有很系统的注塑成型工艺的理论，后面才有一些专家开始研究总结一些理论的书籍。精密注塑方面汽车发展的历史最长，现有的书籍或资料大部分都是国外的教授结合着汽车零件的注塑来总结或研究的，有些已经不适用于现在越来越薄、品质要求越来越高的电子产品，而且公式和理论的知识太多，这一点也是很多人看起来枯燥乏味不适用的原因。因为我们不是在培养学生，而大多是一些相关的从业者，所以一直不能很好地规范行业的现状。本人这20 多年来一直在这个行业里，看到这 20 多年来注塑行业调注塑参数工艺的技术人员不但没能总结经验更上一层楼，反而有退步的迹象，遇到点问题就推诿扯皮，让事情变的更加复杂，造成时间和成本上的浪费，最后逼迫客户签样或让客户给出解决方案，造成客户的不满。

所以此书的目的就是让相关从业人员，比如注塑的技工、工程师，还有品质、项目、设计研发的工程师等都能掌握相关知识，知道应该从哪些方面去验证、去改善，最终达到目标。即使最后有些问题没有完全解决也能清楚知道是什么原因，以后怎么避免。

从产品设计开始到原料定型、模具评估、注塑试模越到后面改善的空间就越小，成本就越高。最后因为时间或成本原因客户妥协的事例比比皆是，所以能在产品设计的时候模具、原料、试模等人都能一起参加更好，但这么多部门的专业技术人员都一起来很难，也都站在各自的立场看问题，不能综合考虑反而事情不好定形。所以就更需要有一个能懂各个工艺技术的人。本书会带给你各方面的知识让相关人员都能学习和找到相应的解决方案。经过一段时间的应用你也可以变成注塑行业全面的人才。

二、注塑行业的发展历程

1. 初期阶段：注塑技术起源于 20 世纪初，最初主要用于制造简单的塑料制品。在这个阶段，注塑机的结构和功能相对简单，主要依赖于人工操作和经验积累。

2. 快速发展阶段：随着科技的进步和市场需求的扩大，注塑行业在 20 世纪 50 年代至 80 年代经历了快速发展。注塑机的性能和精度不断提高，自动化和智能化水平逐渐提升，使得注塑生产效率和产品质量得到显著提升。

3. 成熟阶段：进入 21 世纪后，注塑行业逐渐进入成熟阶段。在这个阶段，注塑技术的创新主要体现在高精度、高效率、低能耗、低污染等方面。同时随着数字化和智能化技术的广泛应用，注塑生产过程的智能化水平进一步提高，生产效率和质量控制达到了新的高度。

三、注塑行业的发展趋势

1. 技术创新：未来，注塑行业将继续推动技术创新，提高生产效率和产品质量。例如，通过引入新型材料、优化模具设计、提高注塑机的精度和稳定性等措施，进一步提高注塑产品的性能和质量。

2. 数字化与智能化：数字化和智能化技术是注塑行业未来发展的重要方向。通过引入工业互联网、大数据、人工智能等技术，实现注塑生产过程的数字化和智能化，提高生产效率和质量控制水平，降低生产成本和环境污染。

3. 绿色环保：随着全球环保意识的提高，注塑行业将更加注重绿色环保和可持续发展。通过采用环保材料、优化生产工艺、提高能源利用效率等措施，降低注塑生产对环境的影响，实现绿色生产。

4. 个性化与定制化：随着消费需求的升级，注塑产品将更加注重个性化和定制化。通过引入柔性生产线、3D打印等技术，实现注塑产品的快速定制和个性化生产，满足消费者的多样化需求。

四、结论

注塑行业作为塑料加工行业的重要组成部分，经历了从初期到成熟的发展历程，并呈现出技术创新、数字化与智能化、绿色环保和个性化与定制化的未来发展趋势。面对新的行业形势和挑战，注塑行业需要不断创新和进步，提高生产效率和产品质量，实现可持续发展。同时，政府、企业和社会各界也应加强合作，共同推动注塑行业的健康发展，为全球经济和社会发展做出贡献。

（一）注塑产业发展现状

1. 市场规模扩大：随着人们生活水平的提高和快消需求的增加，注塑产品在生活中的应用越来越广泛。特别是在家电、汽车、电子、医疗器械等领域，注塑产品占据了重要的地位。全球注塑市场规模不断扩大，多个国家和地区都将注塑产业列为重点发展的战略产业。

2. 技术进步推动创新：注塑技术在过去几十年中得到了快速发展。从传统的机械注塑到现在的电脑控制系统注塑，技术水平不断提高。高速注塑、多色注塑、精密注塑等新技术的应用，不仅提高了注塑产品的质量和效率，还为产品创新提供了更多可能性。

3. 产业链完善：注塑产业是一个涉及材料、设备、模具、工艺、设计等多个领域的综合性产业。随着注塑产业的发展，相关产业链逐渐完善。一方面，注塑原材料的研发和生产水平不断提高，新型材料的应用为产品开发创新提供了更多选择；另一方面，设备制造商、模具企业、注塑加工企业等环节的协同合作也得到了加强。

4. 环保要求增加：随着环境意识的提高和环保要求的加强，注塑产业也面临着环境压力。例如，塑料废弃物的处理、废气废水的治理、能源消耗的减少等，都是注塑企业需要解决的问题。因此，注塑企业需要不断加强环保意识，提高环保技术水平，推动绿色注塑的发展。

（二）注塑产业发展趋势

1. 自动化生产：随着人力成本的增加和技术的进步，注塑企业更加倾向于实现生产自动化。通过引入自动化设备和机器人技术，可以提高生产效率和产品质量，减少人为错误和事故的发生。自动化生产还能够满足大规模订单的需求，提高企业竞争力。

2. 轻量化产品：随着能源危机的威胁和环保意识的增强，轻量化产品成为未来的发展方向。注塑技术可以制造出轻质、高强度的产品，例如汽车零部件、航空航天部件等。轻量化产品能够减少能源消耗和碳排放，符合环保要求，而且能降低产品成本，提高资源利用率。

3. 多功能材料的应用：随着材料科学的发展，新型的多功能材料得到了广泛应用。例如，具有自愈合性能、阻燃性能、导电性能等特点的材料在注塑产业中得到了应用。多功能材料的应用可以为产品增加附加值，提高产品竞争力。

4. 绿色注塑：注塑企业需要不断提高环保意识，推动绿色注塑的发展。绿色注塑是指采用环保的原材料、生产工艺和设备，生产出对环境无害的产品。例如，采用可降解塑料代替传统塑料、应用环保型染料和助剂等。推动绿色注塑的发展是注塑企业的必然选择，也是满足社会需求的重要举措。

总结起来，注塑产业在市场规模、技术进步、产业链完善和环保要求增加等方面取得了一些进展。未来，注塑产业将继续朝着自动化生产、轻量化产品、多功能材料应用和绿色注塑等方向发展，推动产业的升级和转型，为经济发展和社会需求作出更大贡献。

（三）注塑行业的前景

注塑行业是制造业中的一个重要领域，涉及到生产各种塑料制品的过程。随着人们对现代化生活的追求以及环境保护意识的增强，塑料制品在日常生活中的应用越来越广泛，使得注塑行业未来的发展前景非常可观。

首先，注塑行业在包装领域有着巨大的市场潜力。随着电子商务的快速发展，快递包装需求大幅增加，塑料包装盒、袋和瓶子等制品成为了主要选择。而注塑技术可以满足高效生产、低成本制造和规模化生产等要求，因此在包装领域有着广阔的市场空间。

其次，注塑行业在汽车零部件制造方面具有重要地位。随着汽车行业的快速发展，汽车零部件对于注塑行业的需求也在不断增加。轻量化、坚固耐用和成本效益是汽车制造商追求的目标，注塑技术正好能够满足这些要求。因此，注塑行业在汽车零部件生产领域有着广阔的应用前景。

第三，医疗器械领域也是注塑行业的重要市场。随着人口老龄化和健康意识的提高，医疗器械需求不断增加。而注塑技术可以制造各种医用塑料制品，如注射器、输液瓶、血袋等，具有高度的安全性和卫生性。因此，注塑行业在医疗器械领域具有巨大的发展潜力。

此外，随着科技的进步和新材料的不断涌现，注塑行业也迎来了新的发展机遇。例如，生物可降解塑料的研发和应用推动了塑料回收再利用技术的发展，有助于减少塑料污染。同时，注塑技术也可以应用于新材料制品的生产，如碳纤维增强塑料等，提高产品的特性和品质。

然而，注塑行业也面临一些挑战和问题。首先，环境保护压力持续增大，对于塑料污染问题的解决成为注塑行业必须面对的难题。同时，人工成本的提高也增加了企业的生产成本。此外，市场竞争也日益激烈，需要企业不断提高技术水平和产品质量，以保持竞争力。

总而言之，注塑行业在包装、汽车、医疗器械等领域有着广阔的空间。随着科技的进步和新材料的应用，注塑行业拥有许多新的发展。然而，同时也需要面对环境保护、成本压力和市场竞争等问题。只有不断创新和提高自身竞争力，注塑行业才能够在未来取得更好的发展。

目录

第一章　注塑成型工艺原理

1. 注塑成型的原理

　　将塑料颗粒定量加入到注塑机的料筒内，通过料筒的加热，以及螺杆转动时产生的剪切磨擦作用使塑料逐渐融化成流动状态，然后在柱塞或螺杆的推动下熔融塑料在一定的压力和速度下通过喷嘴注入到温度较低的闭合模具的型腔中，使模腔内的熔融塑料逐渐凝固并定型，最后开模取出产品。

2. 热塑性注射成型工艺过程

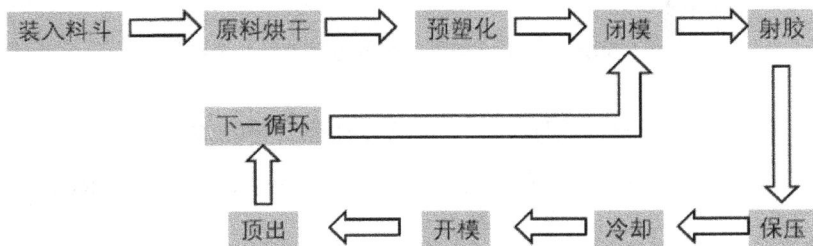

装入料斗 ⟹ 原料烘干 ⟹ 预塑化 ⟹ 闭模 ⟹ 射胶

下一循环

顶出 ⟸ 开模 ⟸ 冷却 ⟸ 保压

第二章 注型成型工艺——原料

常用原材料的分子结构：

下图（典型无定形和半结晶型树脂的重复单元分子结构）显示了一些常用树脂的重复单元分子结构。聚合物分子链是由这种重复单元组成的。

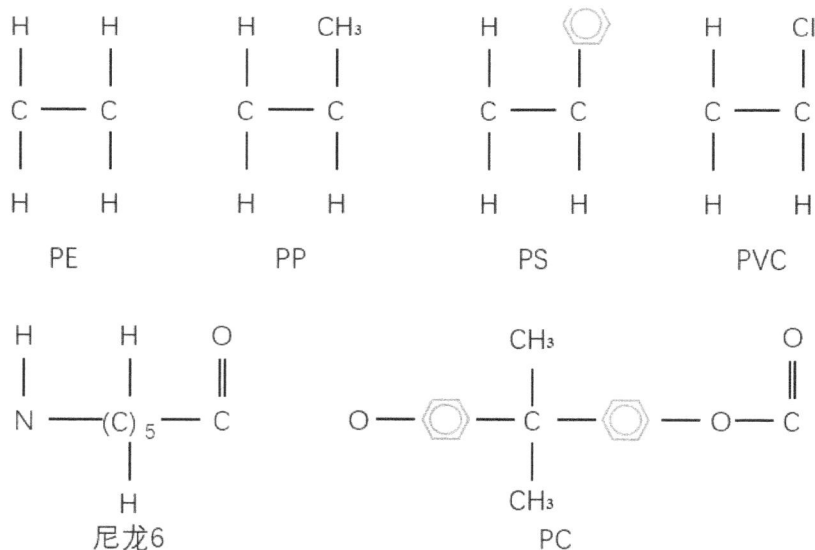

典型无定形和半结晶型树脂的重复单元分子结构

聚合物形态学：聚合物形态学是研究各种聚合物结构、形态及其相互间差异的科学。就热塑性塑料而言，它涉及塑料是否具有晶体结构以及晶体体积大小等内容。

热塑性塑料有两类结构，即无定形塑料（没有固定形状）和半结晶塑料（具有晶体形状和结构）。

无定形塑料的形态特征：图（无定形塑料的相变形态）显示了无定形塑料的相变形态，无论在低温或加热状态下，它们都不具备晶体形状。

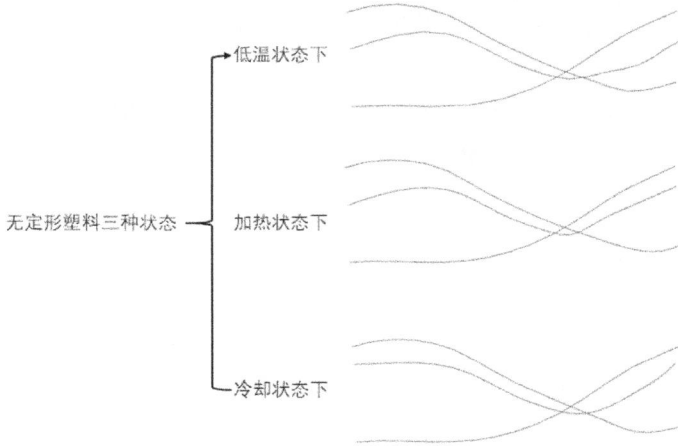

无定形塑料的相变形态

半结晶塑料的形态特征：下图显示了半结晶塑料的相变形态。

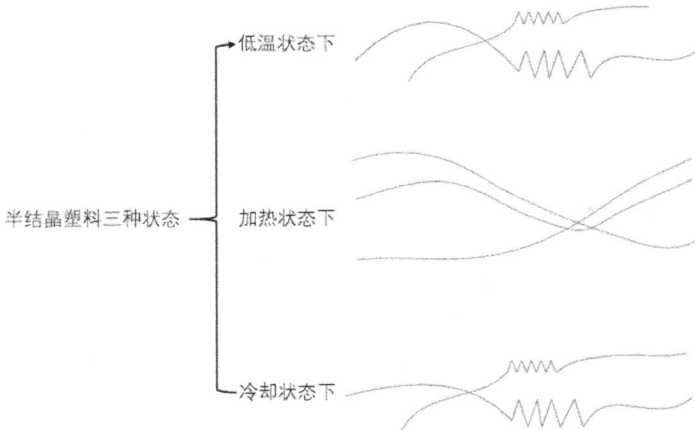

半结晶塑料的相变形态

在低温状态下，半结晶塑料具有晶体结构而无定形塑料则没有。而当这两种材料受热时，结构却趋于相同。在加热状态下材料分子约束力减小，开始自由运动，此时便可以用来进行注塑加工了。

玻璃化转变温度：玻璃化转变温度（Tg）是无定形塑料冷却时，分子无法再作自由运动，塑料回归到固体状态时的温度。此温度也是塑料加热时分子趋于自由运动的温度。见图（无定形塑料的相变）及图（半结晶塑料的相变）中的相变形态。

熔点：熔点（Tm）是结晶型塑料分子间相互约束力最小，分子可以自由移动而塑料可以开始流动的温度，见图（无定形塑料的相变）和图（半结晶塑料的相变）。

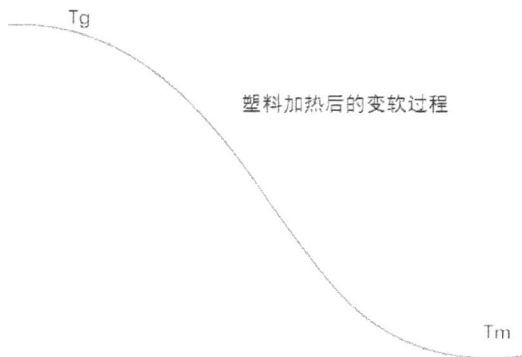

Tg

塑料加热后的变软过程

Tm

无定形塑料的相变

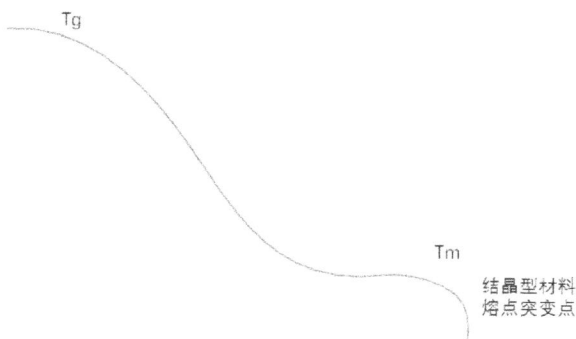

Tg

Tm

结晶型材料
熔点突变点

半结晶塑料的相变

无定形塑料从 Tg 到 Tm 的软化过程需要较长时间，而半结晶材料由于无定形区间较小，所需的加热时间很短，但其晶体部分最后熔化阶段需要的热量更多。

塑料的收缩：当塑料冷却时，内部分子会逐渐回归自然状态，根据材料热胀冷缩的规律，塑料受冷就会收缩。收缩分为各向同性收缩和各向异性收缩，它们的区别如下。

各向同性收缩：各向同性收缩时，塑料在流动方向和垂直流动方向上的收缩量相同。由于分子链上没有晶体结构，各向同性收缩是无定形塑料的天然特性。

各向异性收缩：各向异性收缩是指塑料在流动方向与垂直流动方向上的收缩率不同的现象。由于晶体结构的原因，各向异性收缩一般发生在半结晶材料上。当塑料开始流动时晶体结构会发生拉伸，而当塑料冷却时会像弹簧一样地发生收缩。晶体结构受冷沿流动方向恢复至冷却状态的回弹量大于垂直流动方向的回弹量，所以流动方向上收缩更大。

塑料流动方向

垂直塑料流动方向

含填充料的塑料收缩状况会发生改变。玻璃纤维或其它填充料是不会熔化的，所以当塑料冷却时玻纤结构也不会发生收缩。而玻纤总是沿流动直流动方向排布，故流动方向上的收缩比垂垂直流动方向上的收缩小。

1. 塑料的定义

它是一种以人工合成的高分子有机化合物为主要成分的材料。

塑料是由低分子有机化合物（如：乙烯、丙烯、苯乙烯、氯乙烯、乙烯醇）在一定条件下聚合而成的高分子有机化合物《聚合物》。构成塑料分子，由于分子量都有在 10000 以上的高分子，所以说塑料是高分子有机化合物（高聚物）。一般塑料分子中都含有碳（C）原子和氢（H）原子，有的塑料分子结构中含有少量氧 0)、硫（S）原子，塑料的基本原料是低分子碳、氢化合物，它一般是从石油、天然气或煤裂解物中提炼和合成出来的人造树脂。

2. 塑料都有的共同性质

可塑性。

3. 塑胶的分子结构

可分为：热固性和热塑性。

3.1　热固性：指的是加热后，会使分子结构结合成网状形态，一旦结合成网状聚合体，即使再加热也不会软化，显示出所谓的（非可逆变化），是分子构造发生变化（化学变化）所致。

3.2　热塑性：指加热后会融化，可流动至模具冷却后成型，在加热后又会融化的塑料，即可运用加热及冷却，使其产生（可逆变化）液态 - 固态，是所谓的物理变化。

4. 热塑性塑料的结构

有无定形塑料（非结晶）和半结晶塑料（结晶）两种。

结晶与非结晶的区别与差异，如下表所示：

	结晶性	非结晶性
物性差异	不透明或半透明	透明
	耐化学性佳	尺寸安定性佳
	模收缩率大	模收缩率小
	耐熔剂性佳	冲击强度佳
常见塑胶区分	PP	PS
	HDPE	PMMA
	LDPE	PC
	PA	MPPO
	POM	HIPS
	PE	PSF
	PEO	PES
	PET	ABS
	PBT	PVC
	PPS	PAR

5. 塑料的使用特性分类

一般为通用塑料和工程塑料。

5.1 通用塑料只可作为一般非结构性材料使用，其产量大、价格相对低廉、性能一般，多用于制作日常用品（如：PE、PP、PVC、PS 等）。

5.2 工程塑料是指具有较高力学性能及耐高温、耐腐蚀、可以作为结构性材料，具有优异的综合性能（包括：机械性能、电性能、耐高温性能、耐化学性能等），可在较宽阔的温度范围内和较长的时间内能良好地保持这种性能，并能承受机械外力和较为严苛的化学、物理环境中长期使用，被公认的七大工程塑料为：ABS、PC、POM、PA、PET、PBT、PPO 等。工程塑料的量相对较少，价格较贵，另外还有功能塑料（如：LCP，人造器官等）纳米塑料，降解塑料，生物基塑料等。

6. 塑料的透光性分类

一般分为透明塑料、半透明塑料和不透明塑料。

透光率在 88% 以上的塑料称为透明塑料（如：PMMA、PS、PC 等），常用的半透明塑料有：PP、PVC、PE、AS、PET、PA、ABS、MBS 等；不透明的塑料主要有 POM、HIPS、PPO 等。

7. 塑料的硬度分类

一般分为硬质塑料、半硬质塑料和软质塑料。

7.1 常见硬质塑料有：ABS、POM、PS、PMMA、PC、PET、PBT、PPO 等。

7.2 半硬质塑料有：PP、PE、PA、PVC 等。

7.3 软质塑料有：软 PVC、TPE、TPR、TPU 等。

8. 塑料的物理性能

8.1　比重（密度）：塑料的比重是在一定的温度下，称量试样的重量与同体积水的重量之比值单位为 1g/ cm³，常用液体浮力法作测定方法。

8.2　吸水性：塑料的吸水性是指规定尺寸的试样浸入一定温度（25±2）℃的蒸馏水中，经过 24 小时后所吸收的水分量，吸收水分后影响其尺寸及形状，吸水率用重量表达时，常以 % 表示。

8.3　透气性：透气性是一定厚度的塑料薄膜在一个大气压力下每平方米的面积中，在 24 小时内所透过气体的体积值，但透气量与薄膜厚度、面积、时间、温度、气压差值等有关。

8.4　透湿性：透湿性是指水蒸气对塑料薄膜的透过情况，基本原理及定义与透气性相同。

8.5　透明度：透过物体的光通量和射到物体上的光通量之比称为透光度；在入射光方向上的散射光对所有透射光之比，称雾度或混浊度，雾度通常是半透明的，并对射入的光有漫透的性质。

8.6　拉伸强度：拉伸强度是指在规定的试验温度、湿度和拉伸速度下，沿试样的纵轴方向施加拉伸载荷，测定试样破坏时的最大载荷。

8.7　压缩强度：压缩强度是指在试样上施加压缩载荷至破裂（对脆性材料而言）或产生屈服的强度（对非脆性材料而言）。

8.8　弯曲强度：弯曲强度是指试样在两个支点上，施加集中载荷，使试样变形或直至破裂时的强度。

8.9　冲击强度：冲击强度是指试样受冲击破断时，单位面积上所消耗的焦耳，对于某些冲击强度高的塑料，常在试样中间开有规定尺寸之缺口，这样可以降低它在破断时所需要的焦耳。不同的试件可用不同的试验方法：落球式冲击试验、高速拉伸冲击试验。

8.10　摩擦系数：摩擦系数是指摩擦力和正压力之比值，在试样上加一个正压力，测定试样刚性运动时的动和静之比值。

8.11 磨耗：磨耗是指塑料在摩擦过程中，微粒从摩擦表面不断分离，引起摩擦件尺寸不断地改变的机械性破坏过程，也有称为磨损或磨蚀。

8.12 硬度：塑料硬度是指塑料抵抗其他硬物体压入的性能，通用的有洛氏硬度和肖氏硬度两种。

8.13 疲劳强度：疲劳强度是指在一个静态破坏力而有小量交变循环的环境下，使塑料破坏的强度。疲劳载荷来源有拉压、弯曲、扭转、冲击等。

8.14 蠕变：蠕变是指在一定的温度、湿度条件下，塑料在固定的外力持续作用下，随时间变化所表现的特征，这种变形的特征随增加载荷而增加，随减少载荷而减少，其变形亦逐渐恢复，蠕变的来源有拉伸蠕变、压缩蠕变、弯曲蠕变等。

8.15 持久强度：持久强度是指塑料长时间经受静载荷的能力由高而降低的时间函数。例如未经载荷前的塑料强度是 1000 小时，而载荷后可能只有其原来强度的 50% 到 70% 之间。

8.16 线膨胀系数：线膨胀系数是指温度升高 1 摄氏度时，每一厘米的塑料伸长的厘米数。

8.17 比热：比热是指 1 克塑料升高 1 摄氏度时，所需要的热量。

8.18 导热系数：导热系数是指某一单位面积和厚度之塑料所能通过的热量单位，塑料的导热系数很小，仅为钢材的百分之一左右，所以是良好的绝热材料。

8.19 耐热性：塑料耐热性是反映塑料温度与变形量之间关系的特性，耐热性对温度低的塑件更为重要。

8.20 玻璃化温度：塑料由熔融可流动温度降低至固态时的温度称为玻璃化温度，此时分子链段基本上不能运动，链节内部旋转扣紧也很困难，只有原子之间的少许移动拉伸及普通的弹性变形，所以次时的塑料会有很大的脆性。

8.21 脆化温度：当对于一定低温下的塑料施加压力时，在很小变形下它就会破坏，此温度就是脆化温度。

8.22 分解温度：分解温度是指塑料在受热时大分子链断裂时的温度，同时是鉴定塑料耐热性的指标之一；当熔料温度超过分解温度时，大部分熔料会呈现发黄的颜色，且制品的强度会大大降低。

8.23　熔融指数：熔融指数（MFI）是指热塑性塑料在一定温度和压力下，熔体在 10 分钟时间内通过测试器的小孔所流出的熔料重量，单位是以克 /10 分钟表示。

8.24　耐燃烧性：塑料的耐燃烧性是用燃烧速率（燃烧时间内试样的燃烧长度）和燃烧失重率（燃烧前后重量之差的百分率）之比来表示的，由起火燃烧至自燃熄灭的时间，亦可作为耐燃烧性能的参考数。

防火/阻燃材料（UL-94）之研判标准

测试标准-厚材UL94V（垂直）

标准	火源移开后之续燃时间	燃烧滴下	燃烧超过25mm
V-0	<10秒	否	否
V-1	<30秒	否	否
V-2	<30秒	是	否

测试条件：20MM 高的火源，自底部燃烧垂直的样品，火源燃烧 10 秒两次。等级：V-0 ＞ V-1 ＞ V-2。

8.25　耐电压：迅速将电压升高到某一极限值，停留一段时间，塑料试样被击穿，称此时的电压值为试样能经受的耐电压。

8.26　耐老化性：塑料的耐老化性是指在使用、贮存和加工过程中，由于受到光、热、氧、水、生物、应力等外来因素的作用，引起化学结构破坏而使原有的优良性能有所下降的现象。研究塑料的老化性是为了提高它的稳定性，延长其使用寿命。

8.27　耐化学性：塑料的耐化学性是指塑料在化学介质中是否受到腐蚀，评定的依据通常是塑料在介质中一定时间后的重量、体积、强度、色泽等的变化程度。

8.28　成型收缩率：成型收缩率是指热塑性塑料在模具中成型时，冷却后脱模出的成型品必有收缩现象，即成型品小于模腔尺小。

收缩率 =（型腔尺寸 - 成品尺寸）/ 型腔尺寸 *100%

9. 塑料的几种常见加工方法

A. 注塑成型 B. 吹塑成型 C. 吸塑成型 D. 挤出成型
E. 压延成型 F. 层积成型 G. 吹薄成型 H. 拉丝成型

10. 塑料的特性

10.1 塑料的优点：

（1）易于加工、易于制造（易于成型）：即使制品的几何形状相当复杂，只要能从模具中脱模，都比较容易制作。因而其效率远胜于金属加工，特别是注塑成型制品，经过一道工序，即可制作出很复杂的成品。

（2）可根据需要随意着色，或制成透明制品：利用塑料可制作五光十色、透明美丽的制品，尚可任意着色的特性，可提高其商品价值，并给人一种明快的感觉。

（3）可制作轻质高强度的产品：与金属、陶瓷制品相比，质量轻、机械性能好，比强度（强度与密度的比值）高，故可制作轻质高强度制品，特别是填充玻璃纤维后，更可提高其强度。另外由于塑料质量轻，可节约能源，故其制品亦日趋轻量化。

（4）不生锈、不易腐蚀：塑料一般耐各种化学药品腐蚀，不会像金属那样易生锈或受到腐蚀。使用时不必担心酸、碱、盐、油类、药品、潮湿及霉。

（5）不易传热、保温性能好：由于塑料比热大，热导率小，不易传热，故其保温及隔热效果良好。

（6）即能制作导热部件，又能制作绝缘产品：塑料本身是很好的绝缘物质，目前可以说没有哪一种电气制品不使用塑料的。但如果在塑料中填充金属粉末或碎屑加以成型，也可制成导电良好的产品。

（7）减震、消音性能优良，透光性好：塑料具有优良的减震、消音性能。透明塑料（如：PMMA、PS、PC等）可制作透明的塑料制品（如：镜片、标牌、罩板等）。

（8）产品制造成本低：塑料原料本身虽然不那么便宜；但如（1）项所述，由于塑料易于加工，设备费用比较低廉，所以能降低产品成本。

10.2 塑料的缺点：

（1）耐热性差、易于燃烧：这是塑料最大的缺点，与金属、玻璃制品相比，其耐热性远为低劣，温度稍高，就会变形，而且易于燃烧。燃烧时多数塑料能产生大量的热、烟和有毒气体；即使是热固性树脂，超过200摄氏度也会冒烟，并产生剥落。

（2）随着温度的变化，性质也会大大改变：高温自不在言，即使遇到低温，各种性质也会大大改变。

（3）机械强度较低：与同样体积的金属相比，机械强度低得多，特别是薄型制品，这种差别尤为明显。

（4）易于受特殊溶剂及药品的腐蚀：一般来说，塑料比较不容易受化学药品的腐蚀，但有些塑料（如：PC、ABS、PS等）这方面的性质特别差，一般情况下热固性树脂耐腐蚀性相当强。

（5）耐久性差，易老化：无论是强度、表面光泽或透明度，都不耐久，受负荷有蠕变现象。另外所有的塑料均怕紫外线及太阳光照射，在光、氧、热、水及大气环境作用下会老化。

（6）易受损伤、也容易沾染灰尘及污物：塑料的表面硬度都不太高，容易受损伤。另外由于是绝缘体，故带有静电因此容易沾染灰尘。

（7）尺寸稳定性差：与金属相比，塑料收缩率很高，故难以保证尺寸精度。在使用期间受潮、吸湿或温度发生变化时，尺寸易随时间发生变化。

11. 现介绍几种常用塑料及其性能

分别是：ABS、PE、PMMA、PP、PS、PVC

11.1 丙烯腈 - 丁二烯 - 苯乙烯（ABS）共聚物

性质：丙烯腈提供耐热及抗化性，丁二烯提供韧性及耐冲击性，苯乙烯提供韧性及加工性。

优点：（1）坚硬、易挤出；（2）易染色；（3）难燃；（4）耐冲击；（5）表面性佳。

缺点：（1）耐溶剂性差；（2）低介电强度；（3）低拉伸率。

用途：把手、外壳、行李箱、冰箱衬垫、家电制品。

11.2 聚乙烯（PE）

性质：LDPE 密度为 $0.910 \sim 0.925g/cm^3$；MDPE 密度为：$0.926 \sim 0.940g/cm^3$；HDPE 密度为：$0.941 \sim 0.965g/cm^3$。

优点：（1）柔软、无毒；（2）易染色；（3）耐冲击（-40℃～ 90℃）；（4）耐湿性；（5）耐化性；

缺点：（1）不易挤出；（2）热膨胀系数高；（3）不易贴合；（4）耐温性差。

用途：家庭用品、绝缘体、胶管、胶布、胶膜、容器．

11.3 聚丙烯（PP）

性质：密度仅为 $0.9g/cm^3$，加工一般产品可以不预热干燥。

优点：（1）易染色；（2）耐湿性佳；（3）耐化性佳；（4）耐疲劳性；（5）耐冲击性。

缺点：（1）复杂之异形挤出不易；（2）易被紫外线分解；（3）易氧化。

用途：水管、胶膜、胶布、电线蔽护材料、容器、汽车保险杆、仪表板。

11.4 聚苯乙烯（PS）

性质：非晶体聚合物，成型后收缩率小于 0.6%。

优点：（1）成本低；（2）透明可染色；（3）尺寸安定特性；（4）高刚性。

缺点：（1）碎裂性高；（2）抗溶剂性差；（3）耐温差。

用途：文具、玩具、电器用品外壳、餐具。

11.5 聚氯乙烯（PVC）

性质：未加可塑剂前，PVC 为坚硬之塑料，耐湿性佳，但亦被酮类、酯类溶剂分解。

优点：（1）尺寸安定性佳；（2）低成本；（3）耐候性佳；（4）加不同比例之可塑剂，可轻易调整软硬度。

缺点：（1）耐化性差；（2）耐温性差；（3）密度比一般塑料高；（4）热分解后会产生氯化氢。

用途：薄板、胶膜、容器、人造皮、地板材料、收缩膜、管材。

12. 现介绍几种工程塑料及其性能

分别是：PA、PBT、PC、POM、PPS。

12.1 聚酰胺（PA、尼龙）

性质：结晶性热可塑性塑料，有明显熔点，须干燥，温度过高干燥则尼龙原料会变色。

优点：(1)具高抗张强度；(2)耐韧、耐冲击性特优；(3)自润性、耐磨性佳、耐药品性优；（4）低温特性佳；(5)具自熄性。

缺点：尼龙吸湿性高、长期尺寸精密度及物性受影响。

用途：（1）电子电器：连接器、卷线轴、计时器、护盖断路器；（2）汽车：散热风扇、门把、油箱盖、水箱护盖；（3）工业零件：椅座、溜冰鞋底座、纺织梭、踏板。

12.2 聚对苯二甲酸丁二酯（PBT）

性质：为高结晶性热可塑性塑料，熔点为 220～230℃，结晶速率比 PET 快。

优点：（1）强度高；（2）摩擦系数小有自润性；（3）耐热性好；（4）电气性质优良；（5）尺寸安定性良好；（6）耐药品性、耐油性极佳。

缺点：（1）抗冲击强度不高。

用途：（1）电子电器：无熔线断电器、电磁开关、连接器、外壳；（2）汽车：车门把手、保险杆、挡泥板、导线护壳、轮圈盖；（3）工业零件：风扇、键盘、钓具卷线器、零件、灯罩。

12.3 聚碳酸酯（PC）

性质：为非结晶性热塑性塑料。

优点：（1）具有高强度及弹性系数、高冲击强度、使用温度范围广；（2）高度透明性及自由染色性；（3）热变形温度高（HDT）；（4）耐疲劳性佳；（5）耐候性佳；（6）电器特性优；（7）无味无臭对人体无害符合卫生安全；（8）成形收缩率低、尺寸安定性良好。

缺点：成形品设计不良易产生内部应力问题。

用途：（1）电子电器：CD片、开关、家电外壳、信号筒、电话机；（2）汽车：保险杆、分电盘、安全玻璃；（3）工业零件：照相机本体、机具外壳、安全帽、潜水镜、安全镜片。

12.4 聚甲醛（POM）

性质：结晶性热可塑性塑料，具明显熔点 $165 \sim 175\,℃$，一般称其为塑钢。

优点：（1）具有高机械强度和刚性；（2）很高的疲劳强度；（3）环境抵抗性、耐有机溶剂性；（4）耐反复冲击性强；（5）广泛的使用温度范围（ $-40C \sim 120\,℃$ ）；（6）良好的电气性质；（7）复原性良好；（8）具有自润滑性、耐磨性良好。

缺点：（1）加工过程若长时间高温下易热分解；（2）无自熄性；（3）抗酸性差；（4）成形收缩率大。

用途：（1）电子电器：洗衣机、定时器组件；（2）汽车：车把零件、电动窗零件；（3）工业零件：机械零件、齿轮、把手、玩具。

12.5 聚苯硫醚（PPS）

性质：结晶性塑料，熔点（TM）为 $285\,℃$ ，玻璃化转变温度（TG）为 $85\,℃$ 。

优点：（1）耐高温；（2）难溶解；（3）耐化学药品性；（4）耐燃。

缺点：成形时易产生毛边。

用途：（1）电器、电子：连接器、线圈架；（2）汽车领域：各种感应器、化油器、电子控制零件；（3）工业用品：表壳、洗涤用工具、计算机及0A零件。

13. 塑料的几种简易鉴别方法

密度鉴别、塑料的燃烧试验鉴别法

在对废旧塑料进行再利用前，大多需要将塑料分拣。由于塑料消费渠道多而复杂，有些消费后的塑料又难于通过外观简单将其区分，因此最好能在制品上表明材料品种。中国参照美国塑料协会（SPE）提出并实施的材料品种标准制定了 GB/T16288-1996 "塑料包装制品回收标志"，虽可利用上述标记的方法以方便区分，但由于还有一些无标记的制品给分类带来困难，为将不同品种塑料分类回收，首先要掌握不同塑料的知识。下面介绍塑料简易鉴别法：

13.1 塑料的密度鉴别：通过观察塑料的外观可大概分辨出塑料制品所属大类：热塑性塑料、热固性塑料或弹性体。一般常用透明料为 PS，PC，PMMA，AS，半透明料为 PE，PP，软质 PVC，透明 ABS，透明 PA 等，其它的原料基本不透明。然后考查各种塑料的密度，以液体为介质检验塑料在液体中的沉浮。热固性塑料通常含有填料且不透明，若不含填料时为透明。弹性体具有橡胶状手感，有一定的拉伸率。

13.2 塑料的燃烧试验鉴别法：燃烧试验鉴别法是利用小火燃烧塑料试样，观察塑料在火中和火外时的燃烧性同时注意熄火后，熔融塑料的落滴形式及气味来鉴别塑料种类的方法。

序号	名称	英文	燃烧的难易	燃烧火焰状态	火焰离开后是否继续燃烧	气味	高火后情况	燃烧后的状态
1	聚丙烯	PP	容易	熔融滴落，上黄下蓝	不熄灭	石油味	烟少，继续燃烧	迅速完
2	聚乙烯	PE	容易	熔融滴落，上黄下蓝		石蜡燃烧气味	继续燃烧	
3	聚氯乙烯	PVC	难软化	上黄下绿，有烟	熄灭	刺激性酸味	高火熄灭	软化
4	聚甲醛	POM	容易熔融滴落	上黄下蓝，无烟	不熄灭	强烈刺激性甲醛味	继续燃烧	边滴边燃
5	聚苯乙烯	PS	容易	软化起泡橙黄色，浓黑烟，炭末	不熄灭	特殊乙烯气味	软化	软化
6	尼龙	PA	容易	熔融滴落	熄灭	特殊羊毛指甲气味	起泡，慢慢熄灭	熔融落下
7	聚甲基丙烯酸甲酯	PMMA	慢	融化气泡，浅蓝色，质白，无烟。	不熄灭	强烈花果臭味，腐烂蔬菜味	继续燃烧	软化
8	聚碳酸酯	PC	容易	有小量黑烟	熄灭	淡淡的酚醛气味	离火熄灭	软化
9	聚对苯二甲酸乙二酯	PET	容易	橙色，有小量黑烟		酸味	离火慢慢熄灭	
10	丙烯腈-丁二烯-苯乙烯聚物	ABS	缓慢	黄色，黑烟	不熄灭	轻微酸味	继续燃烧	熔融落下

13.3 塑料的加热鉴别法热塑性塑料加热时软化，易熔融，且熔融时常能从熔体拉出丝来。热固性塑料加热至材料化学分解前，保持其原有硬度不软化，尺寸较稳定，至分解温度炭化。弹性体加热时，直到软化温度前，不发生流

动，至分解温度后材料逐渐分解炭化。常用热塑性塑料的软化或熔融温度范围见表：

序号	塑料品种	软化或熔融范围/℃	塑料品种	软化或熔融范围/℃
1	聚醋酸乙烯	35–85	聚氧化甲烯	165–185
2	聚苯乙烯	70–115	聚丙烯	160–170
3	聚氯乙烯	75–90	尼龙12	170–180
4	聚乙烯			
5	密度0.92	110	尼龙11	180–190
6	密度0.94	约120	聚三氟氯乙烯	200–220
7	密度0.96	约130	尼龙610	210–220
8	聚-1-丁烯	125–135	尼龙6	215–225
9	聚偏二氯乙烯	115–140（软化）	聚碳酸酯	220–230
10	有机玻璃	126–160	聚-4-甲基戊烯-1	240
11	醋酸纤维素	125–175	尼龙66	250–260
12	聚丙烯腈	130–150（软化）	聚对苯二甲酸乙二醇酯	250–260

13.4 塑料的溶剂处理鉴别法：

热塑性塑料在溶剂中发生膨胀，但一般不融于冷溶剂，在热熔剂中，有些热塑性塑料会发生溶解，如聚乙烯溶于二甲苯中，热固性塑料在溶剂中不溶，一般也不发生溶胀或仅轻微溶胀，弹性体不溶于溶剂，但通常发生溶胀。

13.5 以下介绍几种常见的塑料的鉴别方法：

13.5.1 ABS 与 PS

常用方法：ABS，PS 的识别方法有很多种，就 ABS 而言，表面亮度好，韧性优于 PS，火烧后表面会有密密麻麻的小孔，味道有淡淡的甜味；PS 又分 GPPS，HIPS，EPS 三种，较脆，透明的产品较多，HIPS 的亮度一般，韧性要比 ABS 逊色一点，火烧后表面光亮，有苯乙烯的味道。HIPS 的截断面发白，但 GPPS 没有，EPS 主要用于泡沫。电视机料而言，有 ABS，HIPS 之分，一般要根据表面特征，物性特征来区分，表面亮度好的一般是 ABS，用钳子掰时 ABS 要优于 HIPS，其硬度较高，需要力度大一些，然后根据火焰与味道来区分。

13.5.2 鉴别聚碳酸酯

PC 聚碳酸酯，不易燃，外火强加燃烧时，冒黑烟，燃处有小颗粒析出，淡淡的酚醛气味。此料好坏看韧度，好坏一般板材料都是高分子 PC（好料），但要注意涂层（用刀刮表面，若刮出来的是很轻的粉末则是有涂层的）现国内有去除涂层的用户，但要算人工费，即价格要低些。如灯罩常色（有涂层）、游戏机内透明件光学镜片和电器外壳等，透明和黑色价有一定差距。低分子 PC 一般见于唱片料（VCD、CD 等），现这种料价低。几乎所有用作塑料的聚碳酸酯都含有双酚 A。鉴定时他们对甲氨基苯甲醛的颜色反应或 Gibss 靛酚试验都得到正结果。聚碳酸酯在 10% 氢氧化钾乙醇溶液中加热几分钟就会完全皂化。反应时碳酸钾沉淀析出，过滤并用稀硫酸酸化沉淀，就会放出二氧化碳气体。当加入氢氧化钡溶液时就会产生碳酸钡沉淀。

13.5.3 鉴别一聚甲醛

氧亚甲基（甲醛或三氧杂环己烷坑的聚合物）是由甲醛加热而形成的。甲醛对铬变酸试验为正结果。将少量塑料试样与 2 毫升浓硫酸及少许铬变酸晶体一起在 60～70℃加热约十分钟。出现深紫色表明有甲醛存在。

13.5.4 塑料（PE，PP，PET）的区分

分拣 PE、PP、PET 混合粉塑料的方法针对于 PP、PE、PET 混合粉碎料，可将其先放入水池中，由于 PET 的密度最大，其相对密度在 1.30—1.38，将会下沉。然后，开始向池中倒入酒精，中和水的密度，将密度调到 0.91，看到水中的 PE 下沉时，则已调好。利用密度法来分离 PP、PE、PET 混合物。PP 的密度在 0.89—0.91，PE 的密度在 0.91—0.965，PET 的密度在 1.30—1.38。

13.5.5 鉴别再生料的等级和品质

如何鉴别再生料的等级和品质主要有以下 5 点：

1. 表面光洁度是衡量各类再生料颗粒品质等级的重要指标。优质再生料的表面光洁润滑。

2. 透明度是衡量中高档再生料颗粒品质等级的重要指标。有透明度的料，

品质都不错。

3. 颜色的均匀一致是衡量有色再生颗粒品质等级的重要指标。白、乳白、黄、蓝、黑色等颜色。

4. 颗粒密实度是检验再生工艺水平重要方面。塑化不良，颗粒疏松。

5. 看再生颗粒是否浮沉与水用于检验 PP/PE 颗粒的填充料的含量。对再生料而言，不同的再生料不同的用途，因为很难制成统一的标准，以充分满足用户的工艺要求为准！

13.5.6 一般塑胶收缩率

塑料成型加工，模具温度及射出成型过程的一般塑胶收缩率

序号	中文名称	英文	密度 g/cm²	玻璃纤维含量%	平均比热 Kj（kg*k）	加工温度 ℃	模具温度 ℃	收缩率 %
1	聚苯乙烯	PS	1.05		1.3	180-280	10	0.3-0.6
2	高冲击性聚苯乙烯	HIPS	1.05		1.21	170-260	5-75	0.5-0.6
3	丙烯腈-丁二烯-苯乙烯	ABS	1.06		1.4	210-275	50-90	0.4-0.7
4	苯烯腈-苯乙烯-丙烯酸	ASA	1.07		1.3	230-260	40-90	0.4-0.6
5	聚丙烯	PP	0.915		0.84-2.5	250-270	50-75	1.0-2.5
6	聚甲基丙烯酸甲酯	PMMA	1.18		1.46	210-240	50-70	0.1-0.8
7	聚甲醛	POM	1.42		1.47-1.5	200-210	>90	1.9-2.3
8	聚苯醚	PPO	1.06		1.45	250-300	80-100	0.5-0.7
9	聚碳酸酯	PC	1.2		1.3	280-320	80-100	0.8

序号	中文名称	英文	密度 g/cm²	玻璃纤维含量%	平均比热 Kj（kg★k）	加工温度 ℃	模具温度 ℃	收缩率 %
10	聚对苯二甲酸乙二醇酯	PET	1.37			260-290	140	1.2-2.0
11	聚对苯二甲酸丁二酯	PBT	1.3			240-260	60-80	1.5-2.5
12	聚酰胺类	PA66	1.15		1.7	260-290	70-120	0.5-2.5
13	聚苯硫醚	PPS	1.64	40		370	>50	0.2

13.5.7 注塑材料的设置值和加工提示

注塑材料	喷嘴侧料筒温度℃	模具温度℃	注射压力巴（kpa）	保压压力巴（kpa）	背压巴（kpa）	请参见备注
PS	160-230	20-80	650-1550	350-900	40-80	
ABS	180-260	50-85	650-1550	350-900	40-80	2 3
PVC-硬质	160-180	20-60	1000-1550	400-900	40-80	2 5 6 7
PVC-软质	150-170	20-60	400-1550	300-600	40-80	2 5 7
CA	185-225	60-80	650-1350	400-1000	40-80	2 3
PMMA	220-250	20-90	1000-1400	500-1150	80-120	3
PC	290-320	85-120	1000-1600	600-1300	80-120	3 7

注塑材料	喷嘴侧料筒温度℃	模具温度℃	注射压力巴（kpa）	保压压力巴（kpa）	背压巴（kpa）	请参见备注
PE-LD	210-250	20-40	600-1350	300-800	40-80	8
PP	220-290	20-60	800-1400	500-1000	60-90	4 8
PA 6.6	270-295	20-120	450-1550	350-1050	40-80	3 4
PA 6.10	220-260	20-100	450-1550	350-1050	40-80	3 4
PA 11	200-250	20-100	450-1550	350-1050	40-80	4
无定形PA	260-300	70-100	900-1300	300-600	60-90	3 7
POM	185-215	80-120	700-2000	500-1200	40-80	2 4 9
PPS	300-360	20-200	750-1500	350-750	40-80	3 7

注：

1. 如果没有其他经验值：将喷嘴温度设置成＝喷嘴侧料筒温度。到供料侧的料筒温度逐渐降低，每个加热区降低5-10℃；喷嘴侧和供料侧之间的最高温度差为20-30℃。对于2个以上的加热区，将喷嘴侧加热区和前面的加热区设置为相同的温度。

2. 对热敏感！只能在滞留时间很短时设置温度上限值。

3. 一定要干燥地加工颗粒

4. 高耐磨的料筒颗粒，推荐用于加工强化材料

5. 不能使用闭式喷嘴，只能使用开式喷嘴！

6. 建议不使用止回环进行注射。

7. 推荐高耐磨的料筒颗粒（双金属料筒和PK螺杆）

8. 在 MFI（190/2.16）＜ 4 克 /10 分钟时，说明该材料适于使用杆式闭合喷嘴进行加工。

9. 需要防腐蚀的料筒颗粒（BMK 料筒和镍合金螺杆）

14. 塑胶产品结构设计要点

（1）胶厚（胶位）：

塑胶产品的胶厚（整体外壳）通常在 0.80mm-3.00mm 左右，太厚容易缩水和产生气泡，太薄难走满胶，大型的产品胶厚取厚一点，小的产品取薄一点，一般产品取 1.0mm-2.0mm 为多。而且胶位要尽可能的均匀，在不得已的情况下，局部地方可适当的厚一点或薄一点，但需渐变不可突变，要以不缩水和能走满胶为原则，一般塑料胶厚小于 0.3mm 时就很难走胶，但软胶类和橡胶在 0.2mm-0.3mm 的胶厚时也能走满胶。

（2）加强筋（骨位）：

塑胶产品大部分都有加强筋，因加强筋在不增加产品整体胶厚的情况下可以大大增加其整体强度，对大型和受力的产品尤其有用，同时还能防止产品变形。加强筋的厚度通常取整体胶厚的 0.5-0.7 倍，如大于 0.7 倍则容易缩水。加强筋的高度较大时则要做 0.5-1 的斜度（因其出模阻力大），高度较矮时可不做斜度。

（3）脱模斜度：

塑料产品都要做脱模斜度，但高度较浅的（如一块平板）和有特殊要求的除外（但当侧壁较大而又没出模斜度时需做行位）。出模斜度通常为 1-5 度，常取 2 度左右，具体要根据产品大小、高度、形状而定，以能顺利脱模和不影响使用功能为原则。产品的前模斜度通常要比后模的斜度大 0.5 度为宜，以便产品开模时能留在后模。通常枕位、插穿、碰穿等地方均需做斜度，其上下断差（即大端尺寸与小端尺寸之差）单边要大于 0.1 以上。

（4）圆角（R 角）：

塑胶产品除特殊要求指定要锐边的地方外，在棱边处通常都要做圆角，以便减小应力集中、利于塑胶的流动和容易脱模。最小 R 通常大于 0.3，因太小的 R 模具上很难做到。

（5）孔：

从利于模具加工方面的角度考虑，孔最好做成形状规则简单的圆孔，尽可能不要做成复杂的异型孔，孔径不宜太小，孔深与孔径比不宜太大，因细而长的模具型心容易断、变形。孔与产品外边缘的距离最好要大于 1.5 倍孔径，孔与孔之间的距离最好要大于 2 倍的孔径，以便产品有必要的强度。

与模具开模方向平行的孔在模具上通常上是用型心（可镶、可延伸留）或碰穿、插穿成型，与模具开模方向不平行的孔通常要做行位或斜顶，在不影响产品使用和装配的前提下，产品侧壁的孔在可能的情况下也应尽量做成能用碰穿、插穿成型的孔。

（6）凸台（BOSS）：

凸台通常用于两个塑胶产品的轴—孔形式的配合，或自攻螺丝的装配。当 BOSS 不是很高而在模具上又是用司筒顶出时，其可不用做斜度。当 BOSS 很高时，通常在其外侧加做十字肋（筋），该十字肋通常要做 1-2 度的斜度，BOSS 看情况也要做斜度。当 BOSS 和柱子（或另一 BOSS）配合时，其配合间隙通常取单边 0.05mm-0.10mm 的装配间隙，以便适合各 BOSS 加工时产生的位置误差。

当 BOSS 用于自攻螺丝的装配时，其内孔要比自攻螺丝的螺径单边小 0.1-0.2，以便螺钉能锁紧。如用 M3.0 的自攻螺丝装配时，BOSS 的内孔通常做 Φ2.60-2.80。

（7）嵌件：

把已经存在的金属件或塑胶件放在模具内再次成型时，该已经存在的部件叫嵌件。当塑胶产品设计有嵌件时，要考虑嵌件在模具内必须能完全、准确、可靠的定位，还要考虑嵌件必须与成型部分连接牢固，当包胶太薄时则不容易牢固。还要考虑不能漏胶。

（8）产品表面纹面：

塑料产品的表面可以是光滑面（模具表面抛光）、火花纹（模具型腔用铜工放电加工形成）、各种图案的蚀纹面（晒纹面）和雕刻面。当纹面的深度深、数量多时，其出模阻力大，要相应地加大脱模斜度。

（9）文字：

塑料产品表面的文字可以是凸字也可以是凹字，凸字在模具上做相应的凹腔容易做到，凹字在模具上要做凸型心较困难。

（10）螺纹：

塑胶件上的螺纹通常精度都不很高，还需做专门的脱螺纹机构，对于精度要求不高的可把其结构简化成可强行脱模的结构。

（11）支撑面：

塑胶产品通常不用整个面做支撑面，而是单独做凸台、凸点、筋做支撑。因塑胶产品很难做到整个较大的绝对平面，其容易变形翘曲。

（12）塑胶产品的装配形式：

①超声线接合装配法，其特点是模具上容易做到，但装配工序中需专门的超声机器，成本增大，且不能拆卸。超声线的横截面通常做成 0.30mm 宽 0.3mm 高的三角形，在长度方向以 5mm-10mm 的长度间断 2mm；

②自攻螺丝装配法，其特点是模具上容易做到，但增加装配工序，成本增大，拆卸麻烦；

③卡钩—扣位装配法，其特点是模具加工较复杂，但装配方便，且可反复拆卸，多次使用。卡钩的形式有多种，要避免卡钩处局部胶位太厚，还要考虑卡钩处模具做模方便。卡钩要做到配合松紧合适，装拆方便，其配合面为贴合，其他面适当留间隙。

④ BOSS 轴—孔形式的装配法，其特点是模具加工方便，装配容易，拆卸方便，但其缺点是装配不是很牢固。

（13）齿口：

两个塑胶产品的配合接触面处通常做齿口，齿口的深度通常在 0.8mm-2.5mm 左右，其侧面留 0.1mm 左右的间隙，深度深时做斜度 1-5 度，常取 2 度，深度浅时可不作斜度。齿口的上下配合面通常为贴合（即 0 间隙）。

（14）美观线：

两个塑胶产品的配合面处通常做美观线，美观线的宽度常取 0.2mm-

1.0mm，视产品的整体大小而定。

（15）塑胶产品的表面处理方法：

常用的有喷油、丝印、烫金、印刷、电镀、雕刻、蚀纹、抛光、加颜色等。

（16）常用到的金属材料有：

不锈钢、铜合金（黄铜、青铜、磷铜、红铜）、弹簧钢、弹簧、铝合金、锌合金。

（17）金属材料常用的防锈方法：电镀、涂防锈油、喷防锈漆。

（18）塑胶件螺母埋置工艺及结构（热压螺母）

①概述

塑胶埋植螺母，又称为热压螺母或热熔螺母，是一种非常有效、快捷的塑胶件内螺纹增强技术，埋植后的塑胶螺母可明显增加塑胶件的螺纹拉扭力和重复使用性，并简化模具结构，在塑胶产品的结构设计上得到来广泛的应用。

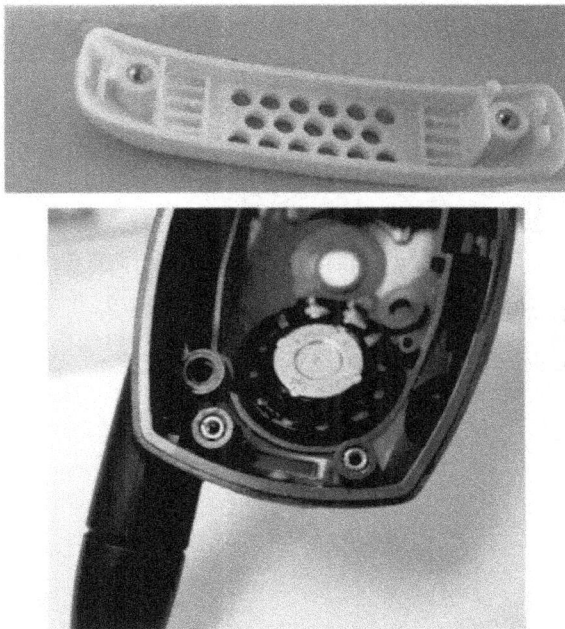

图1　埋植螺母后的塑胶件

②埋植螺母的优点

便于装配和拆卸；提供较高的扭力和拉拔力；提供较高的重复使用性；较高的锁紧力；较短的长度空间；简单的螺柱结构。

③螺母特征结构及介绍

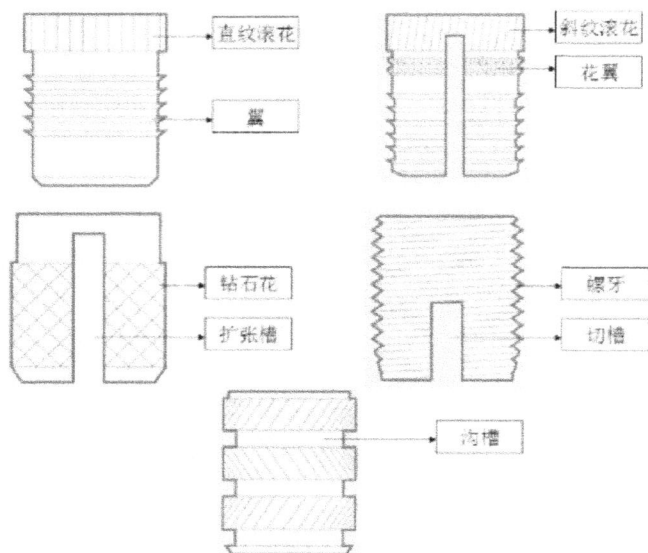

图2 塑胶螺母的常见结构特征

直纹滚花：扭力性能好，但拉拔力较差；

斜纹滚花：较小的滚花面积、滚花深度容易控制、埋植时有自动导向功能、扭拉力综合性能良好。

钻石花：加大的滚花面积、滚花较浅、难以控制埋置工艺、不太适合热熔工艺、在超声波工艺上表现良好。

沟槽：螺母沟槽能容纳塑胶，提供螺母的拉拔力；

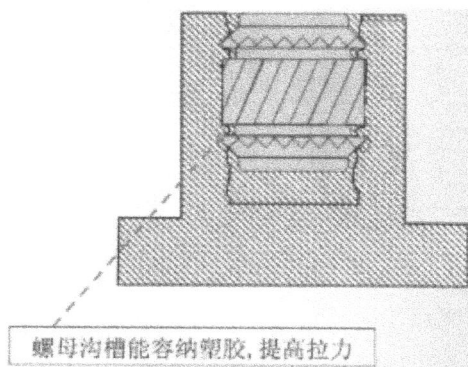

螺母沟槽能容纳塑胶，提高拉力

图3 螺母沟槽能容纳塑胶，提高拉力

翼和花翼：提高螺母的拉拔力；

扩张槽：提供螺母埋植时相内的变形空间，如下图所示：

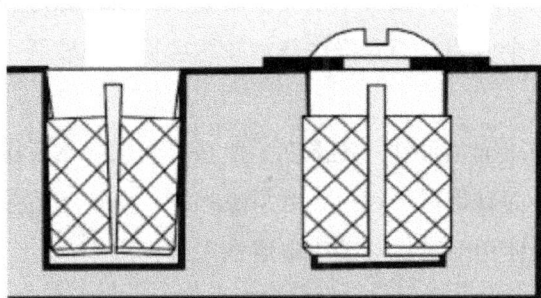

图4 扩张槽的作用

螺牙：螺母可通过自攻螺钉来进行埋植。

④螺母的导向

螺母埋置时，必须有良好的导向，以提高埋置效率，同时可避免螺母偏斜和胶柱破解；一般的螺母本身都在端部倒了斜角来提供导向，胶柱上就不用再做斜角导向。

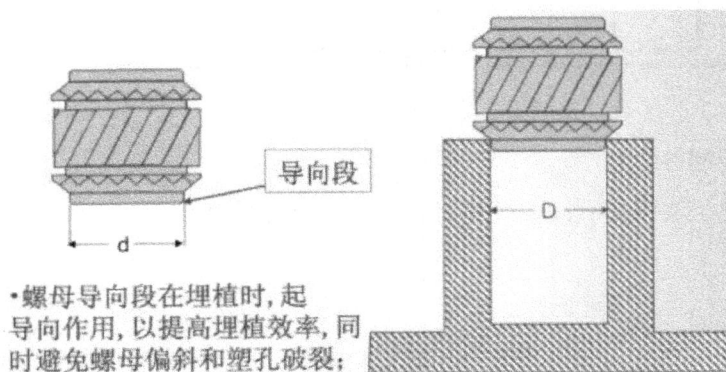

· 螺母导向段在埋植时，起导向作用，以提高埋植效率，同时避免螺母偏斜和塑孔破裂；

图5 螺母的导向

⑤螺母常用材质

黄铜；碳钢；不锈钢；铝合金。其中黄铜应用得最广泛，因为黄铜的热导率较高，能够有效地传递热量，另外，黄铜的切削加工性能比价好。

⑥螺母的埋植方式

铜螺母埋入塑胶件有几种方式，模具成型预埋、热压、超声波压入、冷压及自攻牙等几种方式。

a. 注塑螺母

在注塑前把铜螺母放入模具内一体注塑成型。由于螺母和塑胶的收缩系数不同，容易产生残余应力；而且操作环境较恶劣，效率较低。

b. 热压螺母

热熔工艺是加热铜螺母到一定温度，使塑料软化，然后压入，这种方式产生的内应力较小，而且螺母的扭拉力效果也很好。热熔埋植是最常见、最通常的埋入方式，一般使用热熔机或手工电烙铁来进行操作。

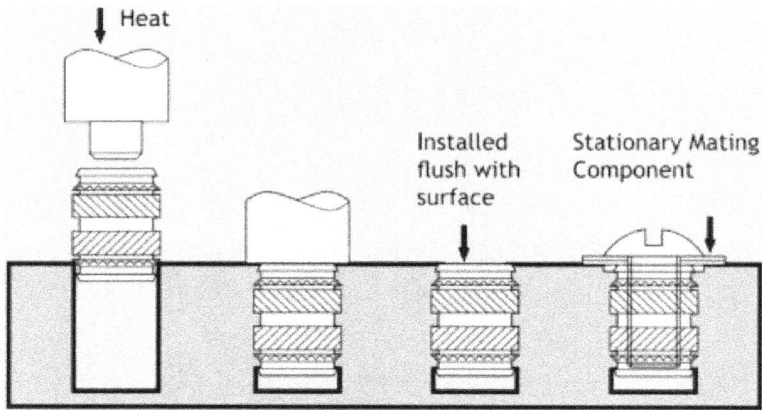

图6 热压埋植工艺

关键控制参数

（a）热压头温度；（b）预热时间；（c）埋植时间。

	PC+ABS	PA66	PA66+30GF
热压头温度	220-230	260	410-430
预热时间	3-4	5-6	6-7
埋植时间	1-2	3-4	4-5

c. 超声螺母

超声埋植是一种通过超声振动，使螺母与工件表面间的磨擦而使传处到接口的温度升高，当温度达到此塑件自身的软化温度时，将螺母埋植于胶件中，当震动停止，工件同时在一定的压力下冷却定形。

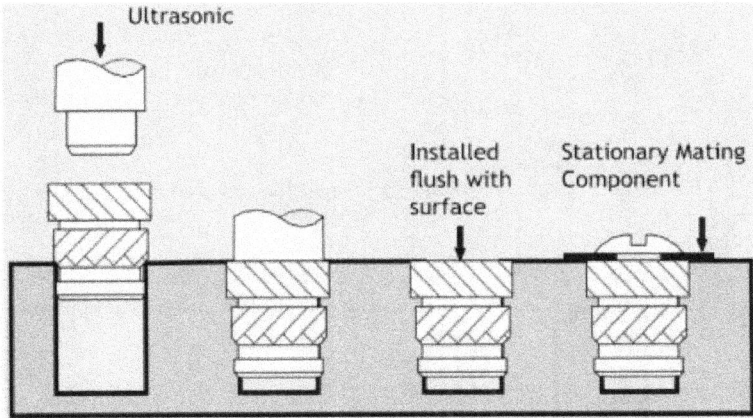

图7 超声波埋植工艺

关键工艺参数：

（a）超声波频率：20-80kHZ；（b）振幅：40-100μm；（c）振动时间；（d）埋植时间。

由于超声波埋植会瞬间释放能量，对螺母的冲击较大，在埋植过程，容易破坏螺母结构，特别是螺纹部分。建议 M1.6 以下的螺母，最好不选用超声波埋植。

④冷压

不对螺母进行加热，而是直接利用压力将螺母压入胶柱内。通过这种方式埋植的螺母抗扭力和拉力均较低，适合受力不大的场合。

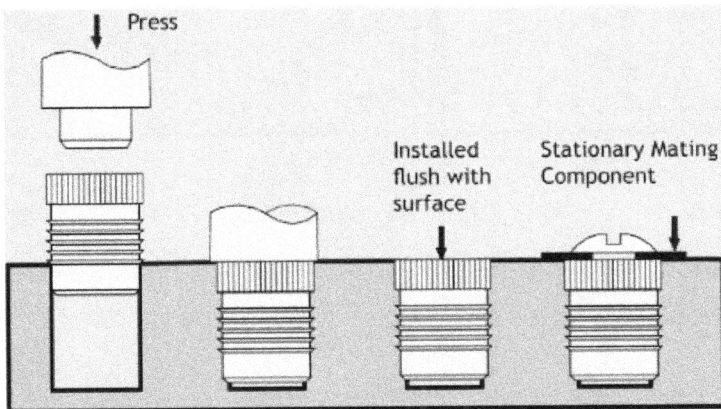

图8 冷压埋植工艺

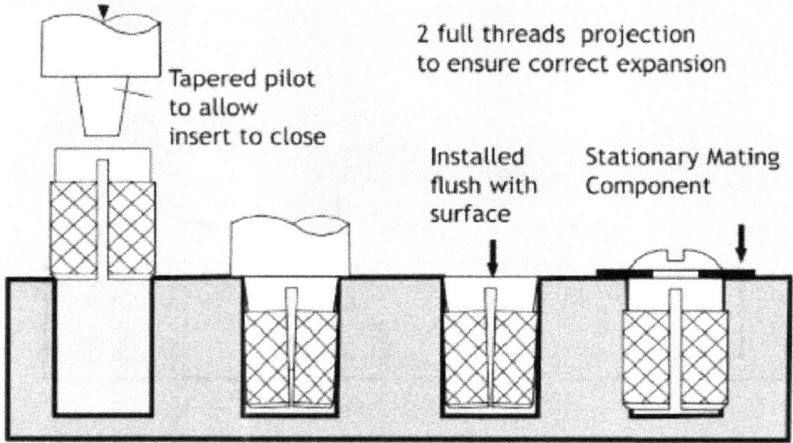

图9 冷压埋植工艺

⑤自攻牙

使用扳手把螺母拧入，相当于对塑件攻出一段螺牙：

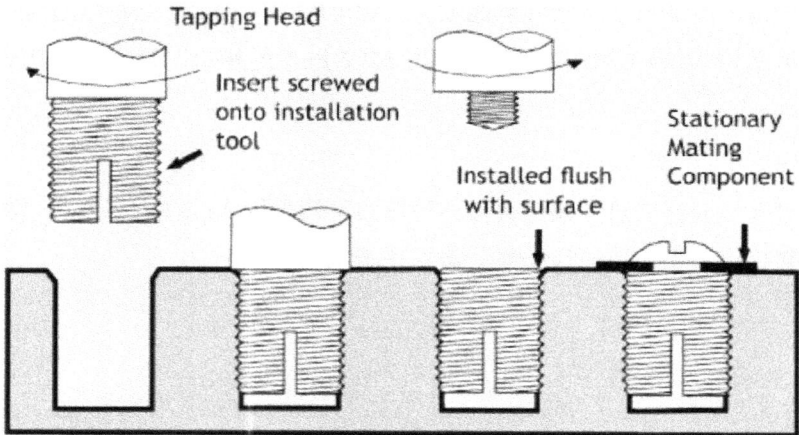

图10 自攻牙埋植工艺

目前用得较多的埋植方式是热压、模内预埋及超声波压入，下表是三种方式的优缺点对比：

埋植方式	优点	缺点
热压	1. 不易损坏螺母和塑件； 2. 埋植时无噪声污染； 3. 自动化程度高。	1. 需要专用设备； 2. 螺母结构要求较高。
预埋	1. 可以得到很高的拉扭力； 2. 胶柱壁厚可以做到较薄；	1. 循环周期长； 2. 废品率较高； 3. 易损坏模具； 4. 有螺纹堵塞问题； 5. 工人操作环境较恶劣。
超声波压入	1. 埋植周期短； 2. 可用于焊接没有熔点高的塑胶件； 3. 螺纹堵塞风险低。	1. 不适用于所有型号的螺母； 2. 易导致塑胶孔或塑件开裂； 3. 易损坏螺母； 4. 噪声大； 5. 需用超声波焊接设备； 6. 不易实现自动化。

（7）影响热压螺母使用质量的因素

①设计

a. 螺母类型的选择；b. 胶柱的结构设计；

②工艺

a. 注塑工艺；b. 热压工艺。

（19）PSM塑胶螺母介绍及应用

由于PSM（Plastic Special Nut）塑料螺母应用得比较多，其他品牌的螺母和PSM的塑胶螺母都比较类似，下面就详细介绍一下PSM塑胶螺母。

① PSM 塑料埋植螺母简介

根据 PSM 铜螺母有适用于热塑性塑料的，也有适用于热固性塑料的；有适用于模内预埋的，也有适用于热压、超声波压入、冷压或自攻的。

a. 热固性塑料适用的螺母埋植方法及螺母类型

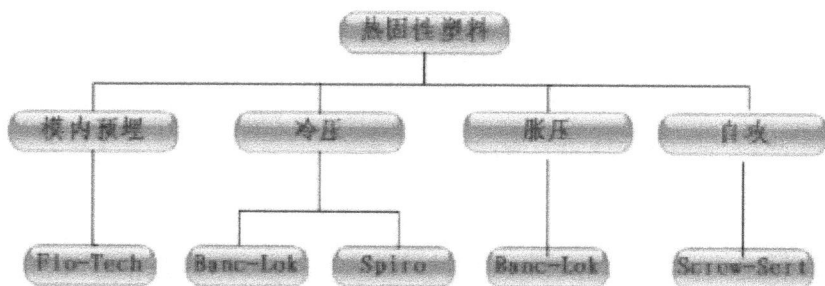

图12 热固性塑料适用的螺母埋植方法及螺母类型

b. 热塑性塑料适用的螺母埋植方法及螺母类型

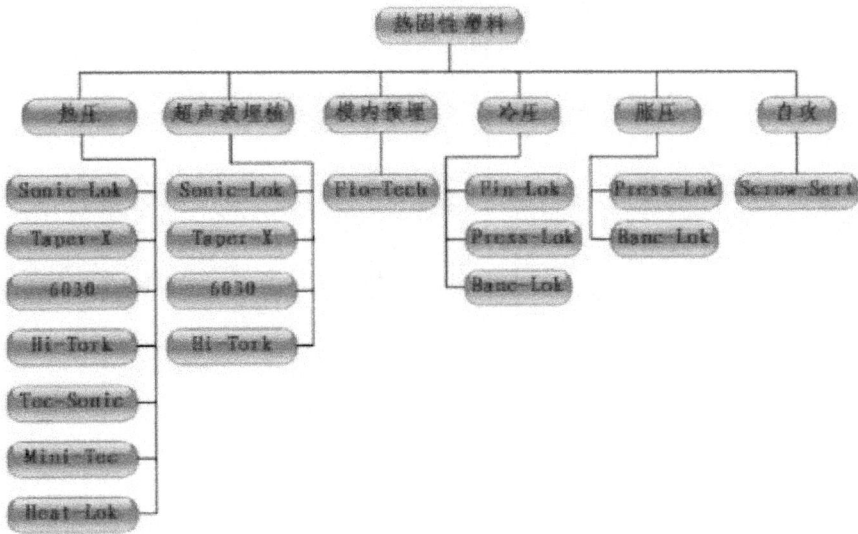

图13 热塑性塑料适用的螺母埋植方法及螺母类型

② PSM 塑胶螺母简介

下面简单介绍一下各种螺母的结构和特性，如下表：

序号	类型	PSM 螺母样式	适用场合
1	SONIC-LOK		1. 可使用热压或超声波的方式进行快速埋植，也可用于模内预埋； 2. 阶梯式外径设计，渐进式压入胶柱，胶柱不易开裂； 3. 圆头斜角导向设计，定位效果佳，不易歪斜； 4. 相反方向之斜花纹设计，与塑胶结合紧密，扭拉力强；

2	TAPE-X		1. 适用于热压或超声波埋植； 2. 专为脱模斜度较大(8 度)的塑胶孔径而设计； 3. 角花和反向叶片提供高扭力和性能； 4. 上端圆头之设计，使埋植过程中不易产生溢胶
3	6030		1. 适用于热压或超声波埋植； 2. 专为脱模斜度较大(8 度)的胶柱而设计； 3. 高扭拉力性能； 4. 埋植过程中不易产生溢胶
4	HI-TORK		1. 适用于用热压、超声波或者模内预埋； 2. 适用于较短的孔洞； 3. 可容纳公差较大的孔径之公差；
5	TECH-SONIC		1. 可使用热压或者模内预埋； 2. 四段压花增加高扭拉性能； 3. 外形无方向性，可防止错装，并方便自动进料加工； 4. 可使用于肉厚较薄的胶柱；
6	MINI-TECH		1. 针对迷你型产品设计； 2. 可使用热压或者模内预埋； 3. 外形无方向性，可防止错装，并方便自动进料加工；
7	HEAT-LOK		1. 适用于热压加工； 2. 适用于较易龟裂的热塑性塑料； 3. 圆弧压花可以避免一般压花所形成的在尖峰和根部的应力； 4. 外形无方向性，可防止错装，并方便自动进料加工；

8	PRESS-LOK		1. 适用于热塑性或者射出时流动力强的塑胶件； 2. 埋入方式简单，可用冲床压入即可； 3. 具有高拉扭力及放松功能；
9	FIN-LOK		1. 可用于热固性塑料； 2. 埋入方式简单，可用冲床压入即可；
10	SPIRO		1. 特殊的花纹设计可降低埋植时所产生的应力； 2. 埋入方式简单，可用压入的方式快速预埋；
11	BANK-LOK		1. 适用于热固性塑料； 2. 埋入方式简单，可用压入的方式快速预埋；
12	SCREW-SERT		自攻型埋植螺母，广泛用于各种热塑性和热固性塑件。特别适用于高顶出力和材料内部强度低的地方；
13	FLO-TECH		1. 适用于模内预埋，倒角设计有利于装入模具套筒内。 2. 有盲孔的螺母，可防止预埋注塑时塑料进入螺孔内，并具有防水功能； 2. 三段式正反方向斜纹设计提供高拉扭力性能；

下面详细介绍一下常用的 TECH-SONICMINI-TECH、FLO-TECH 及

HEAT-LOK 螺母的特点及其对应的塑胶螺柱设计注意事项。

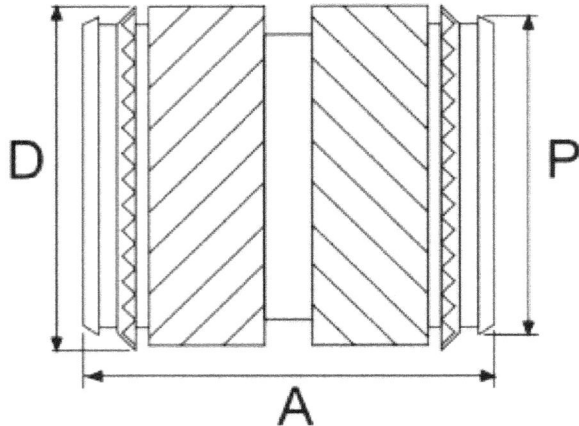

图14热熔工艺将塑胶件固定于另一塑胶件上

特点：

外形无方向性，可防止错装，并方便自动进料加工；可通过热压或模内预埋的方式进行埋植；四段压花增加高扭拉性能；可使用于肉厚较薄的胶柱。

螺母具体规格和胶柱尺寸如下表：

螺母类型	型号	螺牙	标准长度 A	外径 ⌀D	圆头直径 ⌀P	推荐胶柱内孔直径 (+0.1 0)	最小肉厚	最小胶柱深度
TECH-SONIC	TEC-B-M2x4.0	M2	4.0	3.5	3.1	3.2	1.3	4.5
	TEC-B-M2.5x5.7	M2.5	5.7	4.4	3.9	4.0	1.6	6.2
	TEC-B-M3x5.7	M3	5.7	4.4	3.9	4.0	1.6	6.2
	TEC-B-M3.5x7.1	M3.5	7.1	5.2	4.7	4.8	1.8	7.6
	TEC-B-M4x8.1	M4	8.1	6.1	5.5	5.6	2.1	8.6

胶柱设计注意点：

a. 胶柱的壁厚需按照螺母的参数表进行设计，防止胶柱在热压时破裂或者涨起；

b. 孔的深度需比螺母的长度长 0.5mm，防止热压螺母的过程中塑胶融化流动进入螺母内部和防止螺母被塑胶顶出；

c. 胶柱四周应设计加强筋，防止由于应力的存在导致胶柱爆裂的可能；

d. 塑胶孔上方可不设计倒角；（因螺母本身具有斜角提供导向作用）

e. 塑胶孔内径的脱模斜度应在 0.5 度以下；

f. 塑胶孔顶部不得有斜面及沉台；

g. 模内预埋时，需特别注意模具上所使用的套筒尺寸，需配合螺母内孔尺寸。

对于 PSM 标准长度的螺母，PSM 实验拉力的数据如下表，作为设计参考

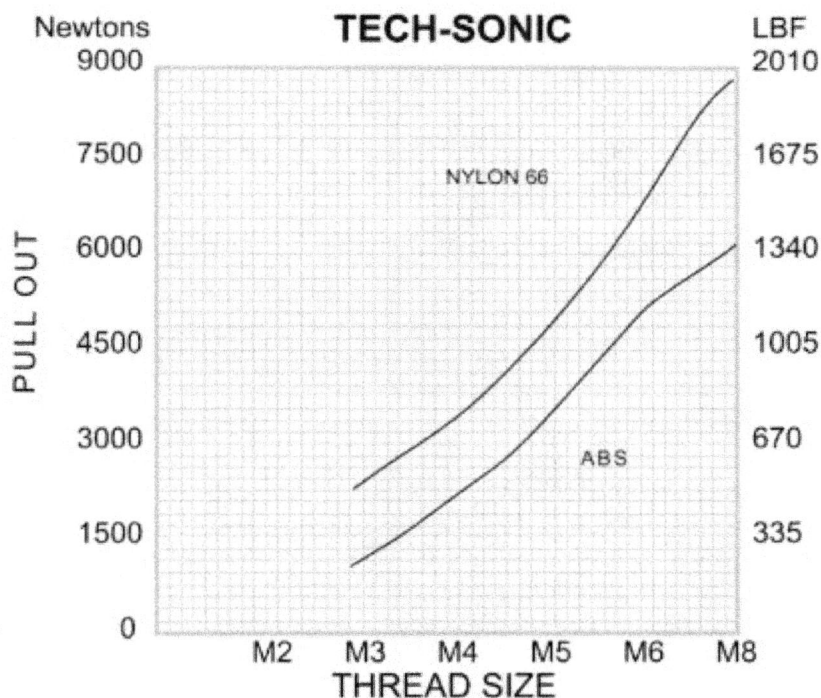

图15 TECH-SONIC 螺母不同材料拉力图

③ MINI-TECH 螺母

螺母外形如下图所示：

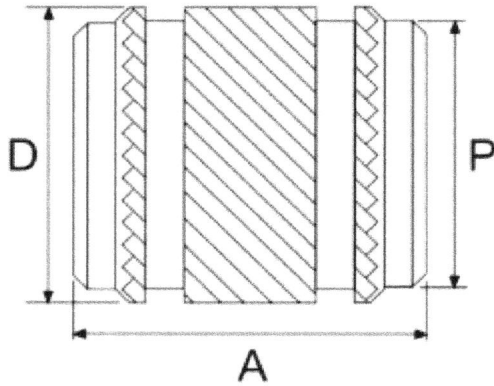

图16TECH-SONIC 螺母不同材料拉力图

特点：

可用于尺寸较少的产品；可防止螺牙滑牙；外形无方向性，可防止错装，并方便自动进料加工；可节省塑胶肉厚空间。

螺母的结构尺寸和对应胶柱的尺寸如下表：

螺母类型	型号	螺牙	标准长度A	外径ΦD	圆头直径ΦP	胶柱内孔直径	最小肉厚	最小胶柱深度
MINI-TECH	MTEC-B-M1x2.5	M1	2.5	2.2	1.7	1.8	0.7	3
	MTEC-B-M1.2x2.5	M1.2	2.5	2.1	1.7	1.8	0.7	3
	MTEC-B-M1.4x3.0	M1.4	3.0	2.5	2.1	2.2	0.8	3.5
	MTEC-B-M1.6x3.0	M1.6	3.0	2.5	2.1	2.2	0.8	3.5
	MTEC-B-M2x3.0	M2	3.0	3.0	2.6	2.7	0.8	3.5
	MTEC-B-M2.5x4.0	M2.5	4.0	3.65	3.15	3.25	1.0	4.5

胶柱的设计注意点参考 SONIC-LOK；此种产品由于使用范围较窄，批量较小的情况下购买周期长且价格偏高；

④ FLO-TECH 螺母

螺母外形如下图：

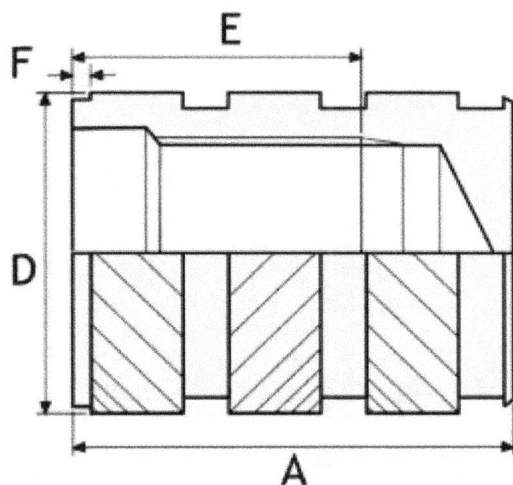

图17TECH-SONIC 螺母不同材料拉力图

特点：

盲孔设计可防止模内预埋成型时胶料进入螺孔内，且具有防水功能；倒角设计有利于装入模具内；盲孔切断面整齐；三段式正反方向斜纹设计提高拉扭力性能；装置方式最适合于模内预埋。

螺母的结构尺寸如下表：

螺母类型	型号	螺牙	标准长度 A	外径 ¢D	有效牙深 E	倒角深度 F
FLO-TECH	FTC-B-M2x5.5	M2	5.5	3.4	3.6	1.0
	FTC--B-M2.5x6.4	M2.5	6.4	4.3	4.0	1.2
	FTC--B-M3x7.3	M3	7.3	4.7	4.6	1.3
	FTC-B-M3.5x9.2	M3.5	9.2	5.5	6.0	1.6

	FTC-B-M4x10.2	M4	10.2	6.3	6.7	1.8
	FTC-B-M5x11.2	M5	11..2	7.3	7.4	2.0
	FTC-B-M6x14.4	M6	14.4	9.8	8.1	2.0
	FTC-B-M8x16.5	M8	16.5	11.4	11.1	2.3
	FTC-B-M10x17.9	M10	17.9	13.8	11.9	2.4

对于这种螺母，要保证结构可靠性，模具上的 PIN 尺寸有严格的要求。

⑤ HEAT-LOK 螺母

由于 PC 是非结晶塑料，模内形成会存在较大的内应力，PSM 推荐使用

HEAT-LOK 类螺母，其外形尺寸如下图所示：

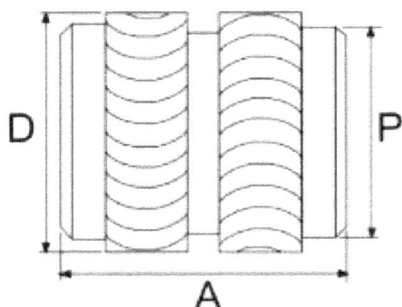

图18TECH-SONIC 螺母不同材料拉力图

特点：对于那些对缺口敏感的非结晶热塑性塑料，特有的圆弧花纹可避免一般压花所形成的在尖峰和根部；外形无方向性，可防止错装，并方便自动进料加工；高拉扭力性能；适用于热压加工。

对于 PSM 标准长度的螺母，PSM 实验拉力的数据如下表，作为设计参考：

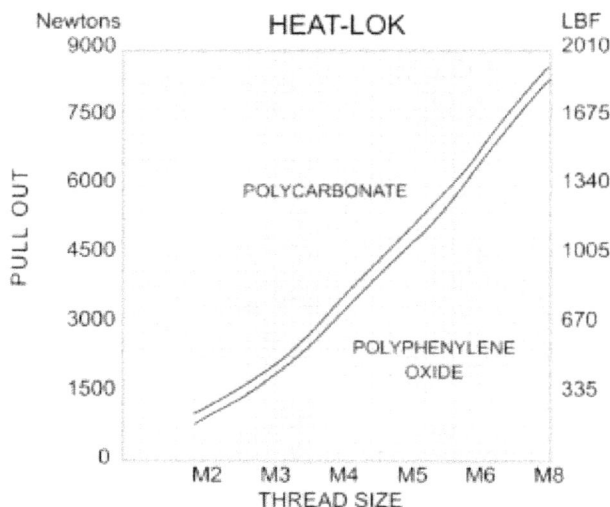

图19 TECH-SONIC 螺母不同材料拉力图

⑥铜螺母的选择和结构设计

螺母的选择依据：

结晶性塑料对应力相对不敏感，各种螺母都能适用；非结晶塑料对应力非常敏感，在选择螺母型号时，应避免锋利的滚花。对那些需要作屏蔽电镀的塑件，应该特别小心，埋有螺母的塑件酸洗会造成严重的龟裂现象，最好是先电镀，再埋植螺母热固性塑料不适用热熔和超声波埋植螺母，在必要时，可以选择精密而尖锐的滚花螺母直接压入对于产用设计上常用的 ABS、PC+ABS 及 PC 料，推荐的螺母埋植工艺及螺母型号如下：

对于 ABS 材料，可以选用预埋或热压的方式进行埋植，一般推荐使用 PSM 的 TECH-SONIC 类螺母。对于 PC+ABS 料，考虑到内应力问题，一般建议使用热压的方式进行埋植，推荐使用 PSM 的 TECH-SONIC 类螺母。如果需要承受特别大的拉力，也可以使用预埋方式，推荐使用 PSM 的 FLO-TECH 类螺母。对于 PC 料，由于内应力比较大，为避免出现胶柱开裂问题，建议不要使用模内预埋的方式，推荐使用 PSM 的 TECH-SONIC 类螺母以热压方式进行埋植。

对于小型产品，为节省空间，可以选用 PSM 的 MINI-TECH 类螺母，此种螺母专为小型产品设计，可以产用预埋或热压方式进行埋植。

（20）热压螺母的加工工艺

由于热压螺母工艺应用得最多，下面重点介绍热压螺母工艺。

①热压温度的选择

由于热压温度与塑件材料有很大的关系，一般会选择低于塑料熔点温度 10～20 度的温度来进行热压，对于常用的 PC、ABS、PC+ABS 料，PSM 推荐的热压温度如下表所示：

材料	推荐热压温度
ABS	140~160°C
PC	240~260°C
PC+ABS	220~240°C

②热压设备

热熔埋置是最常见、最通常的埋入方式，一般以热熔机及手工电烙铁来进行埋植。热熔机工艺稳定性好，可一次埋植多个螺母，但设备投入成本高，而且需要设计专门的定位夹具；电烙铁适用于手工埋植，成本低，但工艺稳定性较差。

图20 埋植螺母热熔

③热压操作工艺

热压螺母的具体工艺注意点：

a. 热压螺母时，在不同材料推荐使用的温度上，先对螺母加热7-10s再进行热压：

b. 热压时压力不能过大，不得在胶料还未软化时强行压入；

c. 热压螺母后，螺母陷入胶柱平面0-0.3mm；

d. 热压后检查螺母，螺母不得有倾斜，胶柱不得胀起或开裂；

④塑胶材料对螺母加工的影响

a. 对于结晶性塑料，如果螺母数量比较多，不宜采用模内预埋的方式，容易导致塑件表面缺陷；

b. 对于模内预埋形成，由于塑料和金属的收缩率不同，容易导致较大的内应力，尤其是非结晶性塑料如PC等，可能会导致胶柱破裂，所以一般情况下能够选择热压工艺就不要采用模内预埋。

⑤热压螺母的拉扭力值

塑胶件热压螺母所能承受的拉扭力推荐值如下表所示：

PSM 螺母规格	拉力(kg)	扭力矩(kgf·cm)
TEC-B-M2.5x5.7	60	13
TEC-B-M3x5.7	65	15
TEC-B-M4x8.1	70	18

⑥预埋螺母的拉扭力值

PSM 螺母规格	拉力(kg)	扭力矩(kgf·cm)
TEC-B-M3x5.7	100	15
TEC-B-M4x8.1	200	30

⑦预埋螺母的工艺要求

a. 预埋螺母应采用芯棒定位，应保证芯棒与螺母的同轴度不大于¢ 0.03mm，模具上的圆柱孔与芯棒轴端的配合公差为 H9/f9；

b. 螺母在模具中定位可靠，在动模的合模过程中不得松动，在高压熔体的冲击下不偏斜、不漏料、不脱落；

c. 对 PC、PC+ABS 等敏感材料，需对螺母预热，或进行后续保温处理，以减少热应力的产生（不推荐 PC 料采用模内预埋工艺）；

d. 热压后检查螺母，螺母不得有倾斜，胶柱不得胀起或开裂。

（21）超声波埋植工艺简介

超声波埋植螺母有以下两种方式，如下图所示，其中，其中第二种方式用的比较广泛，但第一种方式由于超声波焊头是接触塑胶件而不是金属螺母，所以对焊头的磨损比较小，因此可以用铝合金（镀铬）或钛合金来做超声波焊头，另外第二种方式的噪音也比较小，所需的超声焊接能量也较低，所以也有所应用。

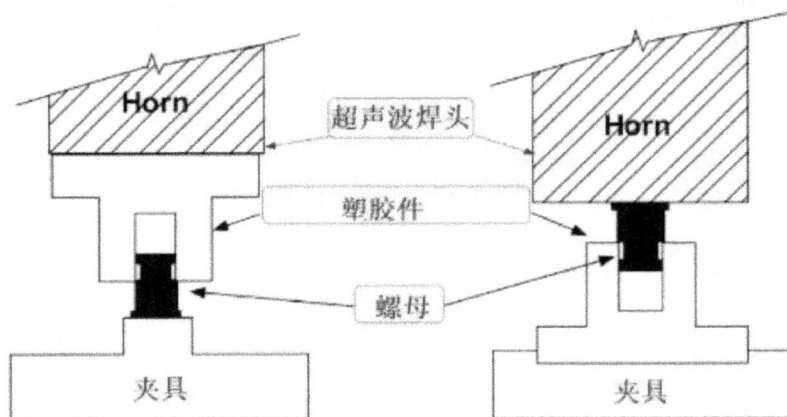

图21 超声波埋植螺母工艺的两种方式

①超声波埋植工艺的优点

埋植周期短；产生的残余应力相对较低；可以一次埋植多个螺母；容易实现自动化；工艺稳定性好。

对于熔点较高的材料如 PPSU，由于材料熔点较高，用热压螺母的工艺很难将热量聚集并使材料快速融化，但超声波埋置工艺可以较好地完成焊接。

②超声波埋植工艺的要求

对超声波焊接机的最低功率要求：

当螺母外径 OD≤6.35mm：1000 瓦；

当螺母外径 OD≤12.7mm：2000 瓦；

当螺母外径 OD≥12.7mm：2000-3000 瓦（或更高）；

当一次埋植多个螺母时：2000 瓦或更高。

为了减小超声波焊头的磨损，超声波焊头应该用硬钢或表面渗碳的钛合金来制造；超声波焊头的端面面积应为螺母端面面积的三到四倍；塑胶件应有良好的支撑和定位，特别是需要埋植螺母的胶柱底部，一定要有良好的支撑，防止预埋时塑胶件变形；埋植后，螺母顶部应与胶柱顶部平齐或略高于胶柱顶部，这样有利于提高埋植后的螺母的拉扭力，防止螺母被拔出，如下图所示：

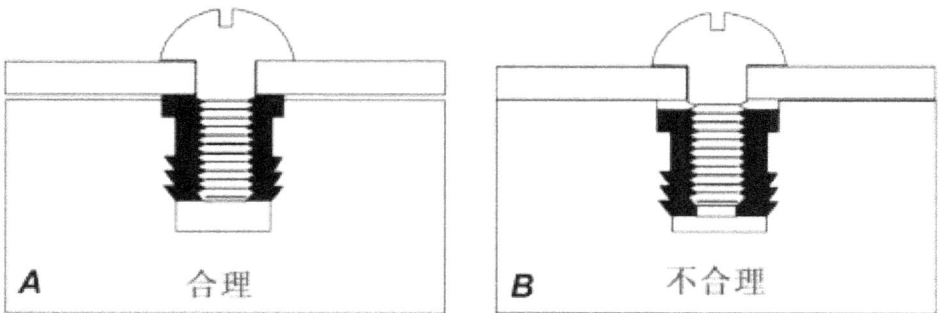

图22 埋植后螺母顶部应与胶柱顶部平齐或略高于胶柱顶部

（22）热压螺母常见问题

第5章 热压螺母常见问题

问题	示意图	原因	解决方法
1. 胶柱开裂或断裂		1. 胶柱壁厚太薄； 2. 胶柱内孔和螺母的过盈量太大； 3. 胶柱上熔接线降低了胶柱强度； 4. 热熔工艺控制不当(热压头温度低，压力大)	1. 胶柱壁厚加大； 2. 胶柱内孔加大； 3. 避免熔接线位于胶柱上； 4. 改善热熔埋植工艺
2. 螺母压歪		螺母定位不良； 热压工艺控制不好；	改善螺母及塑胶壳的定位； 改善热熔埋植工艺
3. 螺母拉扭力性能不足		螺母和胶柱过盈量太小； 螺母太短； 螺母滚花深度太浅； 螺母沟槽深度和长度不够	增加螺母和胶柱的过盈量； 加深螺母滚花深度； 改变螺母滚花方向； 增大螺母沟槽深度和长度； 螺母加长；
4. 螺牙堵塞		胶柱底部避空不足，热压后螺母底部到胶柱底部应留有足够的间隙	胶柱内孔加深
5. 螺柱端部溢胶		埋植温度太高；	调低埋植温度
6. 螺母埋植不到位		埋植工艺控制不良	改善埋植工艺

螺母设计部分引用

15. 塑胶件设计

（1）材料及厚度

①材料的选取

a. ABS: 高流动性，便宜，适用于对强度要求不太高的部件（不直接受冲击，不承受可靠性测试中结构耐久性的部件），如内部支撑架（键板支架、LCD 支架）等。还有就是普遍用在电镀的部件上（如按钮、侧键、导航键、电镀装饰件等）。目前常用奇美 PA-757、PA-777D 等。

b. PC+ABS：流动性好，强度不错，价格适中。适用于作高刚性、高冲击韧性的制件，如框架、壳体等。常用材料代号：拜尔 T85、T65。

c. PC: 高强度，价格贵，流动性不好。适用于对强度要求较高的外壳、按键、传动机架、镜片等。常用材料代号如：帝人 L1250Y、PC2405、PC2605。

d. POM 具有高的刚度和硬度、极佳的耐疲劳性和耐磨性、较小的蠕变性和吸水性、较好的尺寸稳定性和化学稳定性、良好的绝缘性等。常用于滑轮、传动齿轮、蜗轮、蜗杆、传动机构件等，常用材料代号如：M90-44。

e. PA 坚韧、吸水、但当水份完全挥发后会变得脆弱。常用于齿轮、滑轮等。受冲击力较大的关键齿轮，需添加填充物。

f. PMMA 有极好的透光性，在光的加速老化 240 小时后仍可透过 92% 的太阳光，室外十年仍有 89%，紫外线达 78.5%。机械强度较高，有一定的耐寒性、耐腐蚀，绝缘性能良好，尺寸稳定，易于成型，质较脆，常用于有一定强度要求的透明结构件，如镜片、遥控窗、导光件等。

②壳体的厚度

a. 壁厚要均匀，厚薄差异尽量控制在基本壁厚的 25% 以内，整个部件的最小壁厚不得小于 0.4mm，且该处背面不是 A 级外观面，并要求面积不得大于 100mm²。

b. 在厚度方向上的壳体的厚度尽量在 1.2 ～ 1.4mm，侧面厚度在 1.5 ～ 1.7mm；外镜片支承面厚度 0.8mm，内镜片支承面厚度最小 0.6mm。

c. 电池盖壁厚取 0.8 ～ 1.0mm。

d. 塑胶制品的最小壁厚及常见壁厚推荐值见下表。

塑料料制品的最小壁厚及常用壁厚推荐值（单位mm）				
工程塑料	最小壁厚	小型制品壁厚	中型制品壁厚	大型制品壁厚
尼龙（PA）	0.45	0.76	1.50	2.40～3.20
聚乙烯（PE）	0.60	1.25	1.60	2.40～3.20
聚苯乙烯（PS）	0.75	1.25	1.60	3.20～5.40
有机玻璃（PMMA）	0.80	1.50	2.20	4.00～6.50
聚丙烯（PP）	0.85	1.45	1.75	2.40～3.20
聚碳酸酯（PC）	0.95	1.80	2.30	3.00～4.50
聚甲醛（POM）	0.45	1.40	1.60	2.40～3.20
聚砜（PSU）	0.95	1.80	2.30	3.00～4.50
ABS	0.80	1.50	2.20	2.40～3.20
PC+ABS	0.85	1.60	2.20	2.40～3.20

③厚度设计实例

塑料的成型工艺及使用要求对塑件的壁厚都有重要的限制。塑件的壁厚过大，不仅会因用料过多而增加成本，且也给工艺带来一定的困难，如延长成型时间（冷却时间）。

对提高生产效率不利，容易产生气泡，缩孔，凹陷；塑件壁厚过小，则熔融塑料在模具型腔中的流动阻力就大，尤其是形状复杂或大型塑件，成型困难，同时因为壁厚过薄，塑件强度也差。

塑件在保证壁厚的情况下，还要使壁厚均匀，否则在成型冷却过程中会造成收缩不均，不仅造成出现气泡，凹陷和翘曲现象，同时在塑件内部存在较大的内应力。设计塑件时要求壁厚与薄壁交界处避免有锐角，过渡要缓和，厚度应沿着塑料流动的方向逐渐减小。

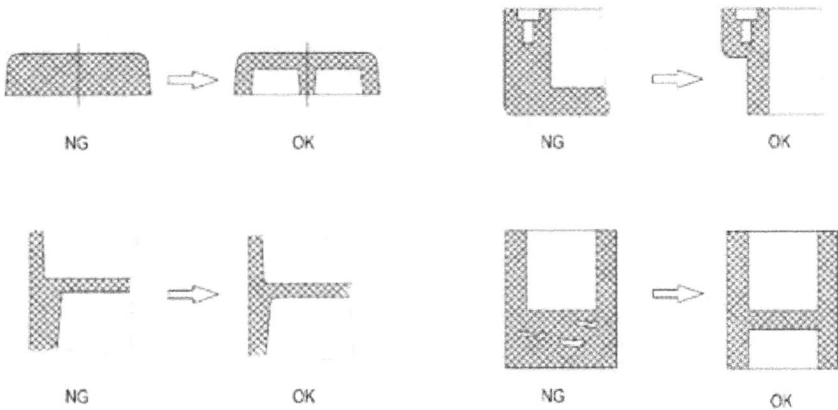

（2）脱模斜度

①脱模斜度的要点

脱模角的大小是没有一定的准则，多数是凭经验和依照产品的深度来决定。此外，成型的方式，壁厚和塑料的选择也在考虑之列。

一般来讲，对模塑产品的任何一个侧壁，都需有一定量的脱模斜度，以便产品从模具中取出。脱模斜度的大小可在 0.2° 至数度间变化，视周围条件而定，一般以 0.5° 至 1° 间比较理想。

具体选择脱模斜度时应注意以下几点：

a. 取斜度的方向，一般内孔以小端为准，符合图样，斜度由扩大方向取得，外形以大端为准，符合图样，斜度由缩小方向取得。如下图。

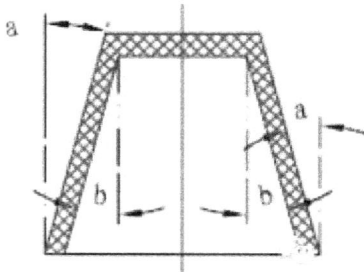

b. 凡塑件精度要求高的，应选用较小的脱模斜度。

c. 凡较高、较大的尺寸，应选用较小的脱模斜度。

d. 塑件的收缩率大的，应选用较大的斜度值。

e. 塑件壁厚较厚时，会使成型收缩增大，脱模斜度应采用较大的数值。

f. 一般情况下，脱模斜度不包括在塑件公差范围内。

g. 透明件脱模斜度应加大，以免引起划伤。一般情况下，PS 料脱模斜度应大于 3°，ABS 及 PC 料脱模斜度应大于 2°。

h. 带革纹、喷砂等外观处理的塑件侧壁应加 3°～5° 的脱模斜度，视具体的咬花深度而定，一般的晒纹版上已清楚列出可供作参考之用的要求出模角。咬花深度越深，脱模斜度应越大．推荐值为 1° +H/0.0254°（H 为咬花深度）．。如 121 的纹路脱模斜度一般取 3°，122 的纹路脱模斜度一般取 5°。

i. 插穿面斜度一般为 1°～3°。

j. 外壳面脱模斜度大于等于 3°。

k. 除外壳面外，壳体其余特征的脱模斜度以 1° 为标准脱模斜度。特别的也可以按照下面的原则来取：低于 3mm 高的加强筋的脱模斜度取 0.5°，3～5mm 取 1°，其余取 1.5°；低于 3mm 高的腔体的脱模斜度取 0.5°，3～5mm 取 1°，其余取 1.5°。

（3）加强筋

为确保塑件制品的强度和刚度，又不致使塑件的壁增厚，而在塑件的适当部位设置加强筋，不仅可以避免塑件的变形，在某些情况下，加强筋还可以改善塑件成型中的塑料流动情况。

为了增加塑件的强度和刚性，宁可增加加强筋的数量，而不增加其壁厚。

①加强筋厚度与塑件壁厚的关系

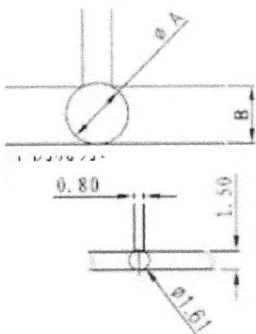

当 $\dfrac{A-B}{B}$ X 100% ＜ 8% 时，就不易缩水。

分析：

$\dfrac{1.61-1.50}{1.50}$ x 100%=7.3%<8.0%

②加强筋设计实例

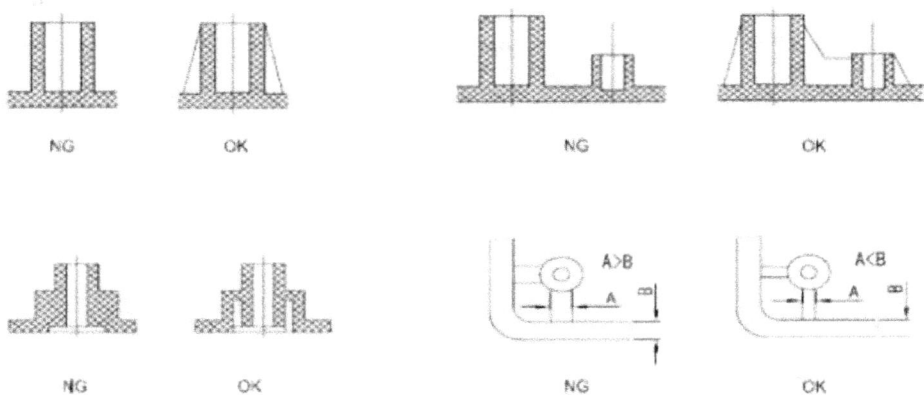

NG　　　　　OK　　　　　　　NG　　　　　　OK

NG　　　　　OK　　　　　　　NG　　　　　　OK

（4）柱子的问题

a. 设计柱子时，应考虑胶位是否会缩水。

b. 为了增加柱子的强度，可在柱子四周追加加强筋。加强筋的宽度参照上图。

柱子的缩水的改善方式见如下图所示：改善前柱子的胶太厚，易缩水；改善后不会缩水。

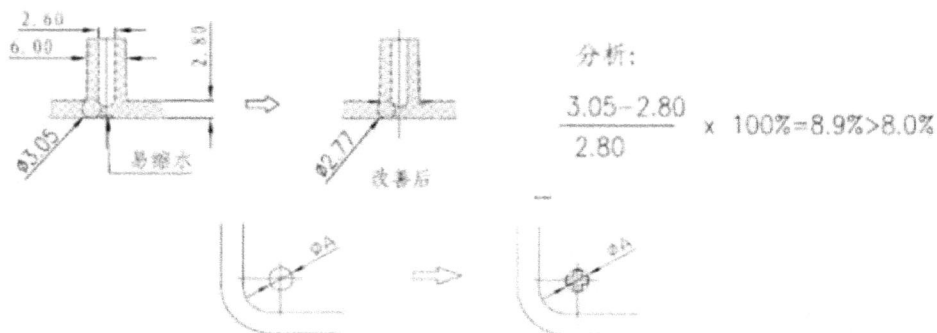

分析：

$$\frac{3.05-2.80}{2.80} \times 100\% = 8.9\% > 8.0\%$$

（5）孔的问题

a. 孔与孔之间的距离，一般应取孔径的 2 倍以上。

b. 孔与塑件边缘之间的距离，一般应取孔径的 3 倍以上，如因塑件设计的限制或作为固定用孔，则可在孔的边缘用凸台来加强。

c. 侧孔的设计应避免有薄壁的断面，否则会产生尖角，有伤手和易缺料的现象。

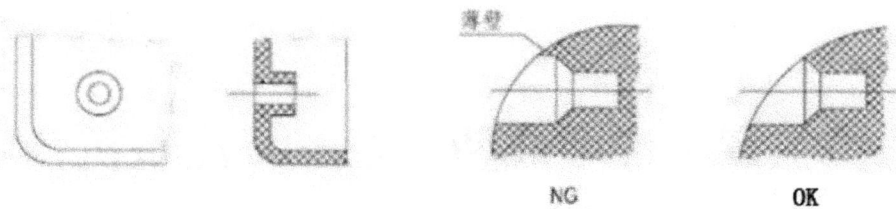

第三章　注型成型工艺——注塑机台

1. 注塑机

注塑机的类型与概述：按照注塑方式可分为：螺杆式和柱塞式；按照注射装置和锁模装置的排列方式可分为：立式、卧式和角式；目前应用最为泛是卧式螺杆注塑机。

1.1 注塑机的特点：

（1）立式注塑机的特点

①优点：a. 注射装置和锁模装置处于同一垂直中心线上，占地面积小；b. 容易实现嵌件成型。因为模具表面朝上，嵌件放入定位容易；c. 模具的重量由水平模板支承做上下开闭动作，不会发生类似卧式机的由于模具重力引起的下垂，使得模板无法开闭的现象。有利于持久性保持机械和模具的精度。

②缺点：a. 料斗高，加料不方便，仅适用于注射量小小于 60cm 的制品。

（2）角式注塑机的特点

a. 注射装置和合模装置呈垂直排列：

b. 应用情况介于立式与卧式之间，适用于加工中心部分不允许留有浇口的制品。

1.2 注塑机的构造

（1）卧式机机构组成示例

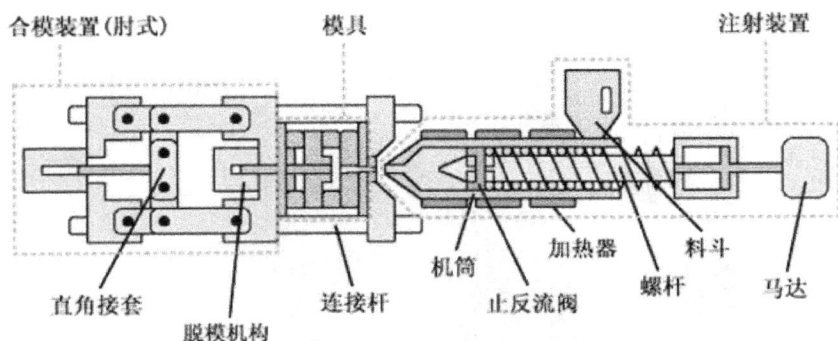

无拉杆式注塑机

"无拉杆式注塑机"顾名思义，这种注塑机没有导向的拉杆，动模板通常支撑在起导向作用的直线导轨上。注塑机模板的强度较高，有利于模具的锁紧。但无拉杆式注塑机仅限于小吨位机台。由于没有拉杆形成阻碍，机台具有装夹较大尺寸模具的优点。

1.3 注塑机的工作循环

（1）合模：活动模板快速接近定模板（包括慢-快-慢速），且确认无异物存在下，系统转为高压，将模板锁合（保持油缸内压力）。

（2）射台前移到位：射台前进到指定位置（喷嘴与模具紧贴）。

（3）注塑：可设定螺杆以多段速度，压力和行程，将料筒前端的溶料注入模腔。

（4）冷却和保压：按设定多种压力和时间段，保持料筒的压力，同时模腔冷却成型。

（5）冷却和预塑：模腔内制品继续冷却，同时马达驱动螺杆旋转将塑料粒子前推，螺杆在设定的背压控制下后退，当螺杆后退到预定位置，螺杆停止旋转，再按设定值松退，储料结束。

（6）射台后退：预塑结束后，射台后退到指定位置。（2 和 6 射台正常情况可顶着模具不动）

（7）开模：模板后退到原位（包括慢-快-慢速）。

（8）顶出：顶针顶出制品。

1.4 注塑机的工作过程

（1）注塑机工作过程主要阶段照片演示（卧式）

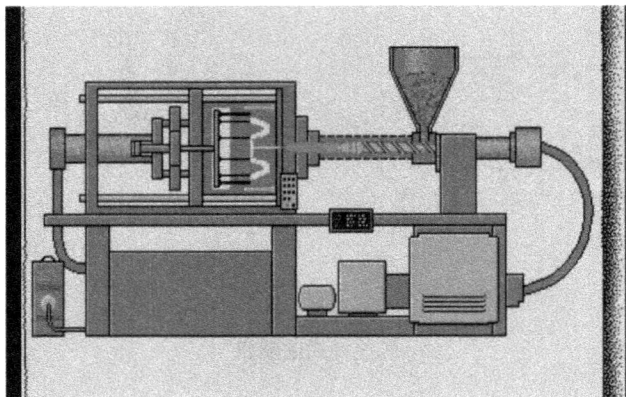

合模完成

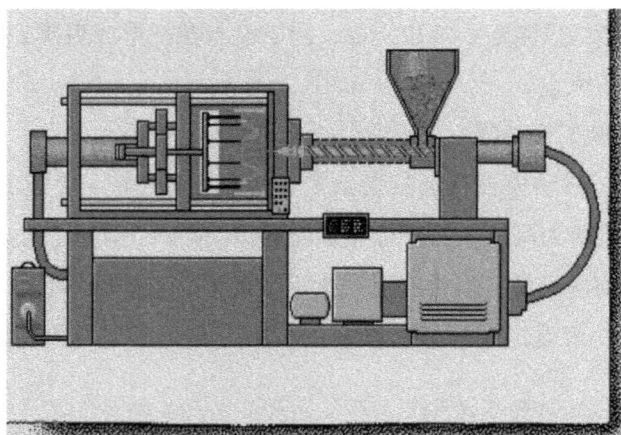

射出中

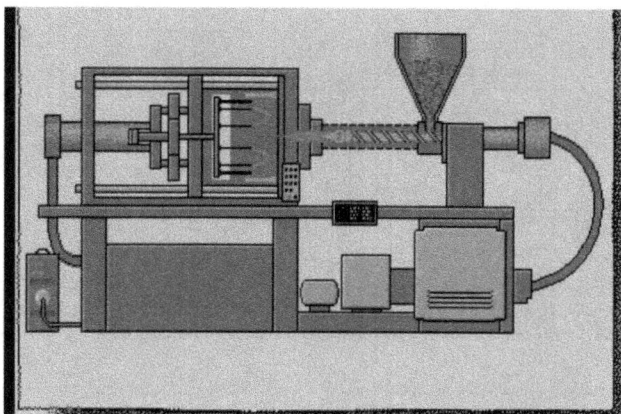

储料/冷却中

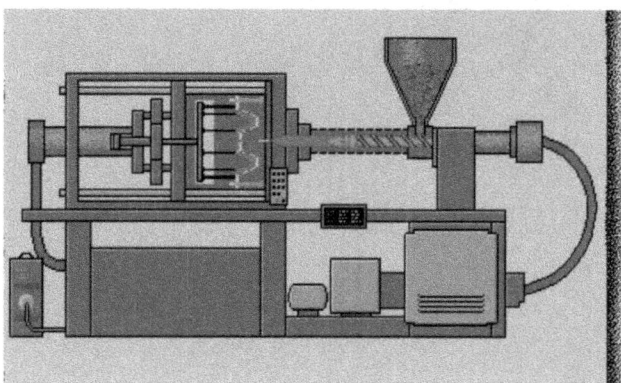

开模中

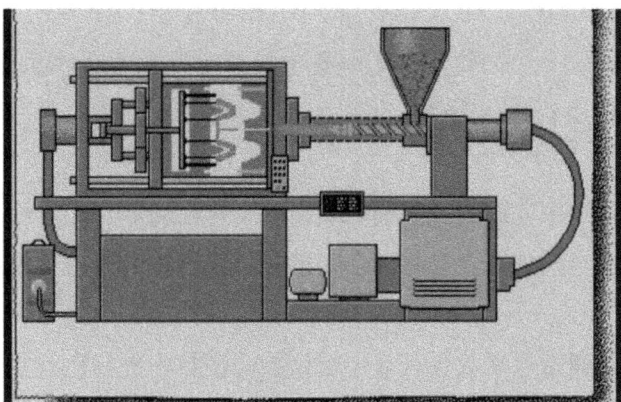

顶出中

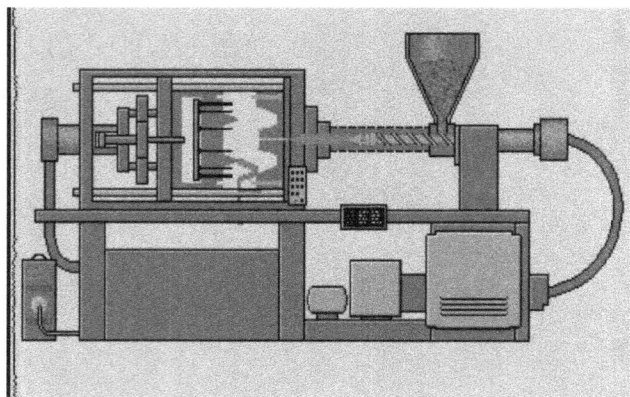

顶出完成

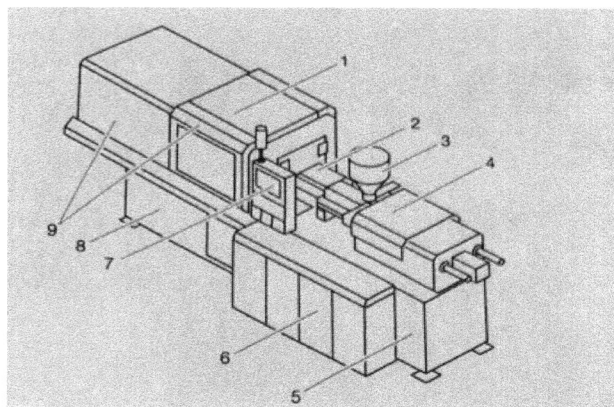

注：1：合模机构；2：塑化料筒；3：供料料斗；4：注射单元；5：注射单元的机器机座；6：电控柜；7：配备平板显示器和键盘的操作键盘；8：合模机构的机器机座；9：安全罩

在合模机构1中安装了注射模。它由两个半模组成。固定的半模安装在定模板上。活动的半模安装在动模板上。通过合模机构的开模和合模运动，模具打开和关闭。

注射单元4通常水平放置且通过定模板向模具中进行注射。特殊情况下需要附加设备，注射单元可向分型面进行垂直注塑。

合模机构中的模具在整个模具运动和注射过程中被一个安全罩9完全

盖住。

加工好的产品在模具打开后通过顶针脱模，并向下落到一个容器中，在传送带上或用机械手系统从合模机构中取出。模具重新关闭后，将开始一个新的进程并重新开始注射。

机器上允许的工作区域

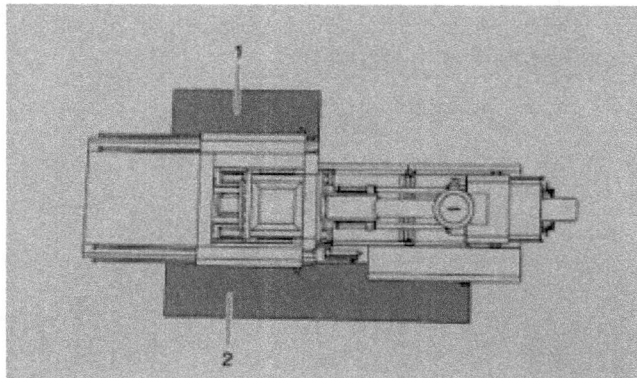

注：1.机器背面的工作区域；2.操作侧工作区域

（2）注塑机的介绍

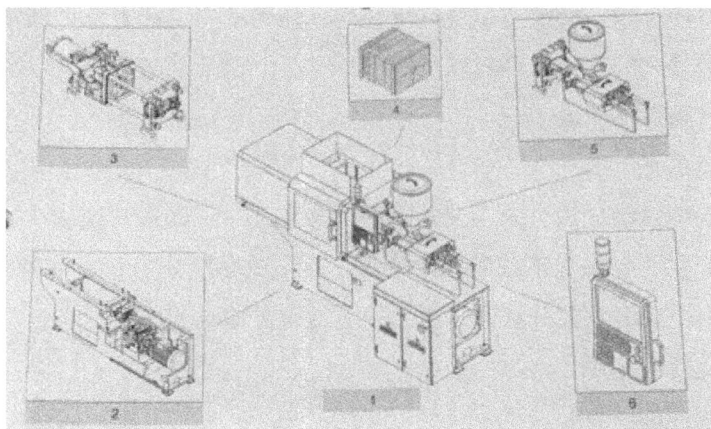

注：1.注塑机；2.机器机座／液压；3.合模机构；4.注射模；5.注射单元；
6.控制系统

合模机构：配备模板的合模机构用于注射模的固定。

注射单元：由供料料斗，气缸，螺杆，喷嘴，加热圈，伺服电驱动或液压驱动构成，用于注塑材料的熔化和注射。

液压机器机座：机器机座用于合模机构和注射单元的固定。

合模机构：合模机构用于固定模具并负责提供合模压力。

采用直接液压作业的合模机构（见下图）：此时可以根据合模机构（包括模具）灵活施加锁模力。锁模力直接液压生成。

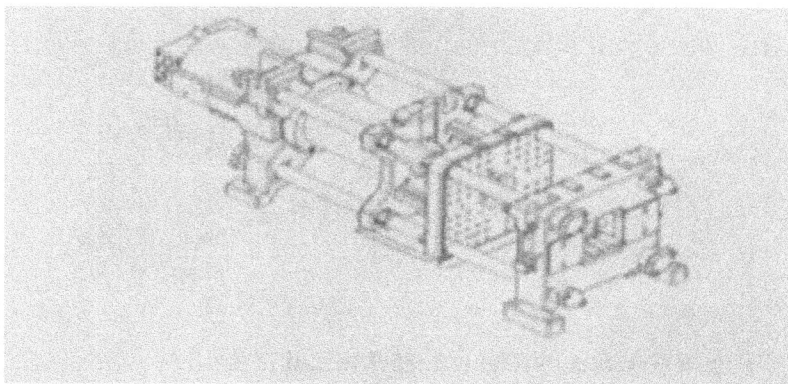

①锁模力：锁模力是模具闭合时（注射前）合模机构的哥林柱在进给过程中要求的力的总和。锁模力也是两半模相互挤压的力。注射生产的锁模力取决于：模具中最大的升力（因材料内压形成）；合模系统的类型；以及合模机构和模具的坚固性。

②锁模单元

注塑机的两种锁模方式：液压直压锁模（图1）和曲臂锁模（2）。两种方式对工艺产生的影响各不相同。需要牢记，无论是液压直锁或曲臂锁模机构，注塑过程中最薄弱的部分都在定模板上。原因是定模板上有个让定位圈和喷嘴通过的圆孔。

③液压直压锁模

液压直压锁模对模具的施力点在机台动模板中心（图1）由于作用力集中在中央部位，动模板外侧就相对较弱，因此对于外形尺寸接近或超出机台拉杆外侧的大型模具，需要对其受力状况进行校核。

液压直压机构的行程限位取决于油缸连杆的长度：模具尺寸越大，开模行程就越小。

液压直压注塑机的锁模力大小不受模温影响，但当模具达到生产温度时，它与模板的接触位置需要进行调整，这样才能按照设定的锁模力锁模。

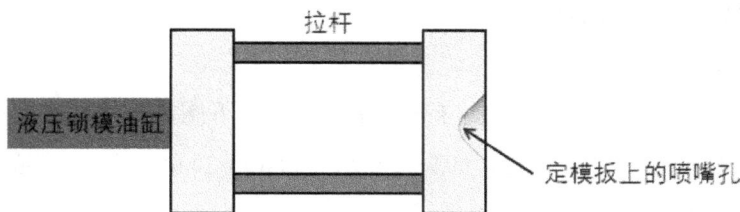

图1 液压直压锁模机构

④曲臂锁模

曲臂注塑机利用机械结构的优势，采用较小的油缸，快速推压曲臂连杆的中部进行锁模。曲臂锁模与直压锁模的模具支撑方式不同（图2）曲臂注塑机一般推压模板外沿，因此中心部位比较薄弱。

曲臂锁模机构的锁模力受温度影响很大。锁模力是由曲臂的预定位置决定的，当模具受热膨胀，注塑机上的位置会发生变化。温度降低，锁模力可能不足，而当温度上升，锁模力则可能过载。

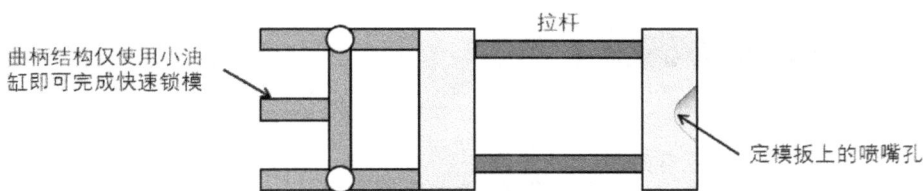

图2 曲臂锁模机构

⑤注塑机锁模力计算

注射压力会在模具型腔上施加一股向外的作用力，将两个半模撑开。注塑机必须平衡这个作用力，才能保持模具闭合。一旦注射压力大于锁模力，模具就会被撑开，导致塑料从模具分型面上溢出，造成产品飞边缺陷。保持模具闭合的力称为注塑机的锁模力。

投影面积是指垂直于模具开合方向上承受注射压力的面积，下图所示的涂色部分区域即投影面积。有些模具中用滑块来成型产品的某些特征。当模具关闭或打开时，斜导柱或斜锲块带动滑块移进移出。注射压力可能对滑块施加压力，这也会使模具打开。在这种情况下，滑块上成型的塑料面积也必须加到投影面积上。

计算锁模力的经验公式为：

F=KPmS

式中 F——锁模力（kgf）；k——粘度系数（下图中对应的是第一级粘度塑料，即 K=1.0）；Pm 一机台的最大射出压力（kgf/cm²）；S——成品及流道在分型面的投影面（cm²）。

压力换算的公式：

1 兆帕（MPa）=9.8kgf/cm²=10 巴（bar）=145psi=1000 千帕（kpa）

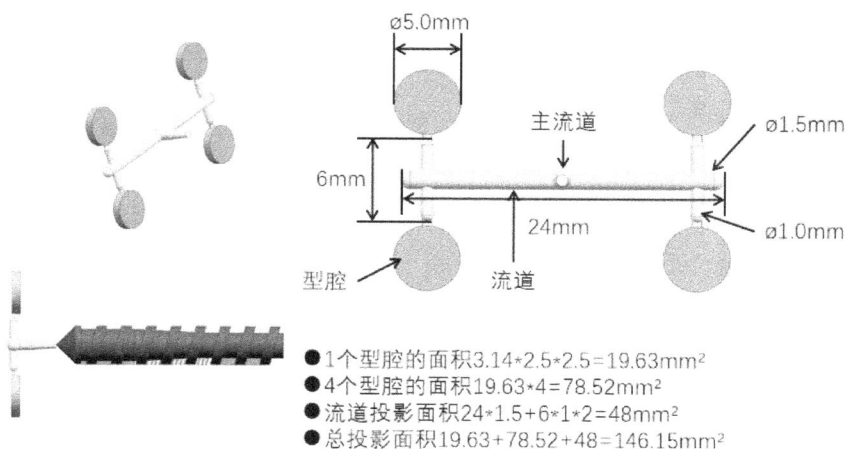

- 1个型腔的面积3.14*2.5*2.5=19.63mm²
- 4个型腔的面积19.63*4=78.52mm²
- 流道投影面积24*1.5+6*1*2=48mm²
- 总投影面积19.63+78.52+48=146.15mm²

产品在模具上的投影面积

2. 常用热塑性粘度等级表

第一级			第四级		
1	聚苯乙烯	PS	1	丙烯腈丁二烯苯乙烯	ABS
2	聚丙烯	PP	2	苯乙烯丙烯腈	AS
3	聚乙烯	PE	3	聚甲醛	POM
第二级			4	丙烯腈丙烯酸苯乙烯	AAS
1	聚酰胺（尼龙6）	PA6	5	甲基丙烯酸丁二烯苯乙烯	MBS
2	聚酰胺11/2（尼龙11/2）	PA11/2	第五级		
3	聚丁烯对苯二甲酸乙酯	PET			
4	聚酰胺66（尼龙66）	PA66	1	聚甲基丙烯酸	PMAA
5	聚丁烯对苯二甲酸丁酯	PBT	2	PC/ABS混合物	PC/ABS
第三级			3	有机玻璃	PMMA
1	醋酸纤维素	CA	4	PC/PBD混合物	PC/PBT
2	醋酸–丙酸纤维素	CAP	第六级		
3	聚氯乙烯	PVC			
4	醋酸–丁酸纤维素	CAB	1	聚碳酸酯	PC
			2	非塑性聚氯乙烯	UPVC
			3	聚醚酰亚胺	PEI

各等级对应的粘度系数

各等级对应的粘度系数	
级别	粘度系数
第一级	1.0
第二级	1.30−1.35
第三级	1.35−1.45
第四级	1.45−1.55
第五级	1.55−1.70
第六级	1.70−1.90

注射机锁模力计算公式是个不错的估算方法。下面将对一些影响注塑机锁模力的因素进行介绍（见下图）。

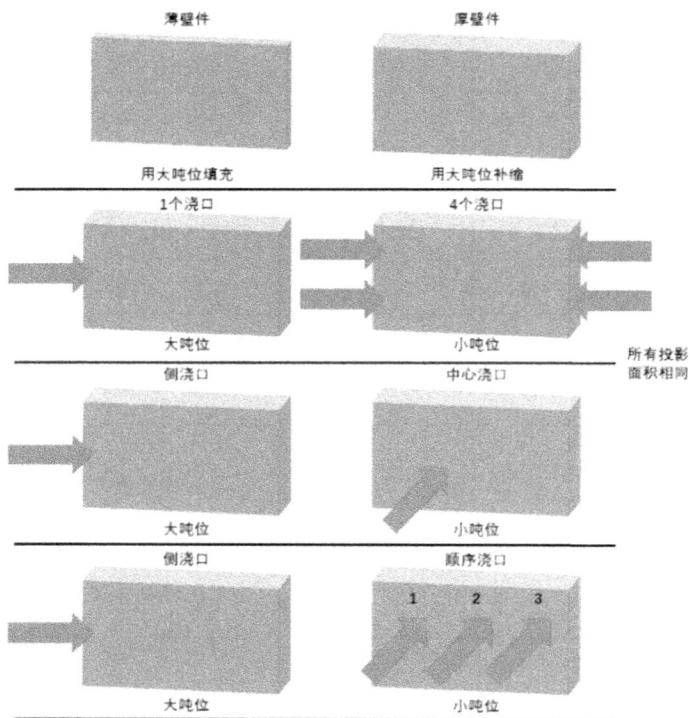

相同产品投影面积下影响吨位的因素

①壁厚：薄的产品需要较大的注射压力来填充型腔，而厚的产品则需要较大的补缩压力补偿收缩。两个产品虽然投影面积相同，当薄壁产品的料流距离较长时也需要较大的锁模力。

②浇口数量：浇口数量越多，模具填充越容易，填满型腔需要的压力也越小。两个投影面积相同的产品，浇口数量越多，需要的锁模力越小。

③浇口位置＆大小和流道长度：如果产品采用一侧进胶和采用中心浇口时，中心进胶填充长度减半，故对锁模力的要求有所降低。浇口大小和流道长度决定进胶的压力所以也会对锁模力有影响。

④顺序针阀浇口：使用顺序浇口的模具需要锁模力较小，因为此时锁模力只受未封闭浇口的影响。

⑤产品在模具中的朝向：如下图中，比较同一产品上两个方向不同的注射点。

参照上述锁模力计算公式可知，从侧面注射比从正面注射时所需的模力低。但这并不代表该产品就一定可以用较低锁模力的注塑机产。还要考虑到塑料流动长度对锁模力产生的影响。注塑机锁模力计算非常复杂，不易准确预测。因此，使用计算机仿真软件计算出的锁模力结果也只能参考。

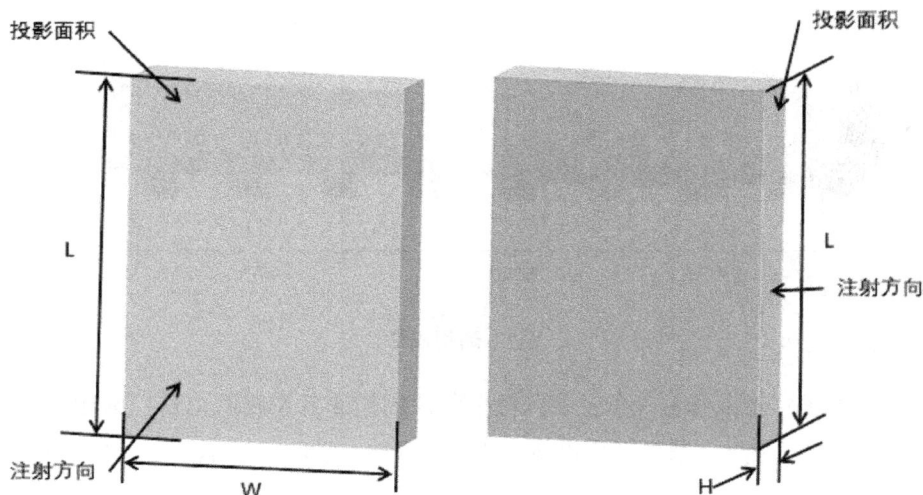

产品在注塑方向上的投影面积

注射单元：通过注射单元将注塑材料塑化加工并注射到模具中。注射单元通常配有不同尺寸的塑化料筒，即配备有不同的螺杆直径。螺杆越大，可生产的产品重量也越大，但最大注射压力就越小。

3. 注塑机螺杆

注塑机螺杆和料筒体组件的作用是将质量符合要求的熔体注入模具型腔。安装在料筒外围的加热圈提供辐射热量来熔化塑料。在制备均匀熔体的过程中，螺杆起了至关重要的作用。螺杆除了提供剪切热，帮助塑料熔化、混合和均匀化，还能准确计量注入模具的塑料注射量。根据不同的材料及其加工需求，人们设计出了不同形式的螺杆。最常见的螺杆称为通用螺杆，即 GP 螺杆。通用螺杆的结构如图所示。

3.1 通用螺杆

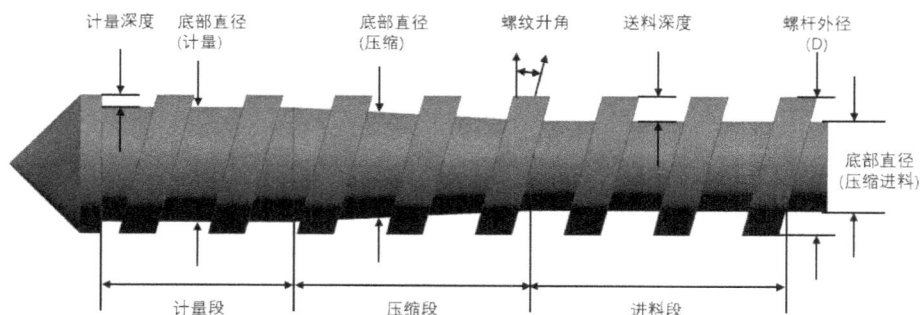

图1　通用螺杆

通用螺杆通常分为三个主要区段，每段的用途各不相同。其用途和一些相关的术语描述如下。螺杆结构可描述为由螺纹缠绕的一根圆杆。大多数情况下，螺杆仅有一条螺纹线。

（1）外径：这是一个虚拟圆柱体的直径，包括了螺纹的外表面。螺杆的外径是个常数，比料筒内径稍小。

（2）底径：这是圆杆的直径。从螺杆后部到前部，底径根据区段的功能发生变化。

（3）螺槽深度：外径与底径之差为螺槽深度。如果底径发生变化，从螺杆后部到前部的螺槽深度也会随之发生变化。

（4）进料段：这是螺杆从进料口（料斗底部）接收原料的区段，也是输送并开始软化原料的区段。这里的螺杆底径最小，并且是恒定值。由于底径为恒定值，故螺槽深度也为恒定值，它也被称为进料深度。在进料段，原料随着螺杆的旋转被带走并软化，但材料不应完全熔化，否则螺杆就无法接收更多的原料。有个用来描述这种现象的术语叫螺杆打滑，此时熔体随螺杆旋转，新的材料下不来导致螺杆无法后退，难以为下次注射储存更多原料。进料段将原材料从进料口输入料筒。当螺杆转动时，该区段内的料粒受螺杆槽压缩并与料筒壁发生摩擦。加工的原料不同，所选择的螺杆进料段长度也应有所区别。进料段较长的螺杆适用于剪切敏感性高或熔点较低的材料。

（5）压缩段：压缩段螺纹底径逐渐增大，而螺槽深度逐渐减小。该段起始点的底径与进料段的底径相同，随后逐渐增大，直到该段结束，于是进料深度也逐步减小。随着螺杆的旋转和塑料粒子向前不断输送，逐渐减少的进料深度开始挤压已软化的塑料粒子，将粒子间的空气和其他挥发物挤出。吸收了外部加热圈的热量加上螺杆旋转产生的剪切热量，塑料开始熔化。随着螺杆进料深度进一步减小，通过分散混合和分布混合两种方式，塑料在到达过渡区末端时形成均匀熔体。当熔流分叉并重新聚集时产生分布混合，而分散混合则类似于涂抹的动作。在料筒中会同时存在分布和分散两种混合效应。该区段的螺杆槽深度逐渐变浅，原料经受的压缩也更加剧烈。此时的摩擦力和剪切力均有所增加，这对熔料很有好处。这里也是材料加热最集中的区段。

（6）计量段：计量段是螺杆的最后一个区段，靠近注塑机射嘴。与其他两个区段相比，该段螺槽深度最浅且底径恒定，故螺槽深度一致。由于每射料量是通过螺杆回撤到设定的线性位置（注射量）来实现的，因此计量深度应尽可能小，以减少连续注射时熔胶量的波动。如果计量深度增大，进入螺杆前端的料量就容易产生波动，造成工艺的不稳定。然而，随着螺槽深度减小，剪切力将增大，材料的降解风险也增大，特别对于 PVC 等剪切敏感材料。因此对于这些材料需要找到折中方案，设计出合适的特殊螺杆。下图显示了塑料通过以上区段时的熔化过程。在进料段，料粒开始软化并相互粘连。到达过渡段时，熔化的和未熔化的塑料互相混合，但仍有粒子被压缩在一起的迹象。计量段和过渡段长度几乎相同，而进料段长度则通常是前面任意一段长度的 2 倍。对于订制的螺杆，这些长度都可进行调节。较长的进料区能增加塑料的推送量，较长的过渡段可以减少剪切，而较长的计量段在生成均匀熔体的同时，也会造成更多剪切。该区段的螺杆槽最浅。材料到达此处时应已完全熔化，并将通过止逆阀，抵达螺杆前端，为下一次注射做好准备。

（7）压缩比：压缩比是进料段槽深与计量段槽深的比值，它决定了材料所承受的压缩程度。如果螺杆的压缩比为 3：1，意思是进料段螺杆槽深度为计量段深度的 3 倍。螺杆槽深度应由螺纹根部测量到顶部。

不同材料适用的压缩比：低压缩比为 1.5：1 至 2.5：1 之间，用于剪切敏感类材料（PVC）。中压缩比为 2.5：1 至 3：1 之间，用于通用材料。高压缩比为 3：1 至 5：1 之间，用于结晶型材料（如各种聚酰胺）。

判断材料压缩比是否合适的一个方法是检查正常的成型周期内，产品上是否出现黑纹或未熔化料粒。只要发现其中一种缺陷，就证明螺杆所采用的压缩比不合适。

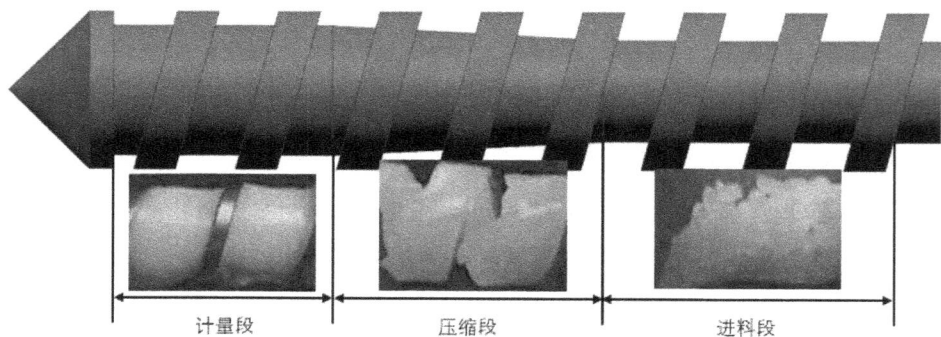

计量段　　　　　压缩段　　　　　进料段

塑料通过螺杆各区段时的熔化过程

压缩比越大，熔体均匀性越好，同时剪切强度越大。螺槽深度对于剪切产生的热量多少、熔体的均匀度以及推送量均会产生影响。

（8）螺纹升角：螺纹升角是螺纹相对垂直于螺杆轴线平面的角度。

（9）长径比：螺杆长度（L）由螺杆前端测量至螺纹尾端。螺杆直径（D）则是由螺杆顶部测量至螺杆另一侧的对应位置（见图1）。注塑机螺杆L/D值的选择原则：L/D值太小会导致料粒无法彻底熔化，而L/D值太大，原料滞留时间过长，可能会引起塑料烧焦或降解。长径比（L/D）是螺杆螺纹段工作长度与外径之比。大多数注塑机螺杆长径比为20∶1。长径比大意味着塑料经受的加热和剪切程度较高，熔体的均匀度更好因而在理想的加工温度下塑料的推送量也更多。

螺杆设计：图1中描绘的是一种通用螺杆设计，适用于大多数材料和应用场景。有些螺杆是为了满足特殊要求而设计的，如加工剪切敏感型材料或为了提高熔胶量并减少成型周期。螺杆的结构设计还取决于塑料的结晶度、黏度和添加剂种类。在注射成型中，混合式螺杆和阻挡式螺杆设计最为常见。顾名思义，混合式螺杆能混合像着色剂那样的添加剂，有效改善熔体的均匀性，螺杆上集成的某些特殊结构可以产生良好的混合效果。阻挡式螺杆的过渡段上设有两根螺纹槽，中间由一根螺纹隔开。未熔化的塑料先停留在第一根螺纹槽内，直到完全熔化后，才流进第二根螺纹槽。这样的结构能确保塑料在到达计量段之前完全熔化。

止逆环总成：单向阀实际上是由止逆阀总成构成的。最常用的止逆环设计如下所示。在储料阶段，螺杆通过旋转获取原料。在此期间，止逆环处于向前的位置，允许熔体流向螺杆前端。而在注射阶段，止逆环则紧贴在阀体上，防止塑料回流过阀芯突沿，从而起到单向止流阀的作用。经过一段时间的使用，止逆环会发生磨损，塑料渐渐漏过止逆阀。这将引起注射量不稳定以及模次之间的波动。因此止逆环应定期检查，并在出现轻微泄漏迹象时就予以更换。市场上有多种针对特殊塑料和特殊应用而设计的止逆环。

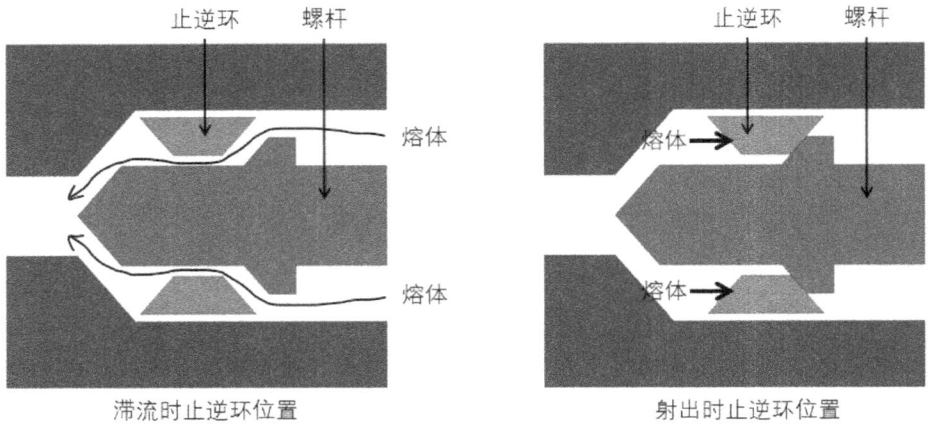

止逆环的工作原理

滞流时止逆环位置   射出时止逆环位置

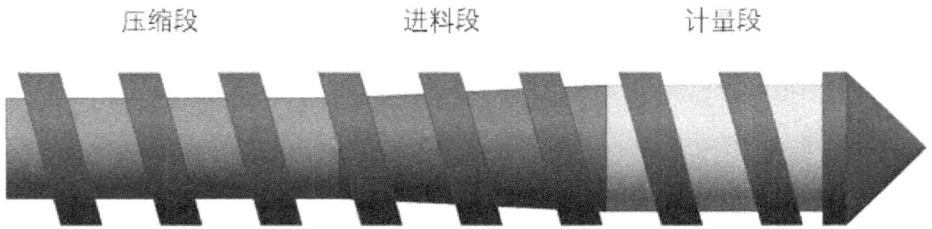

图1 螺杆的区段划分

图2 螺杆各区段的底径变化

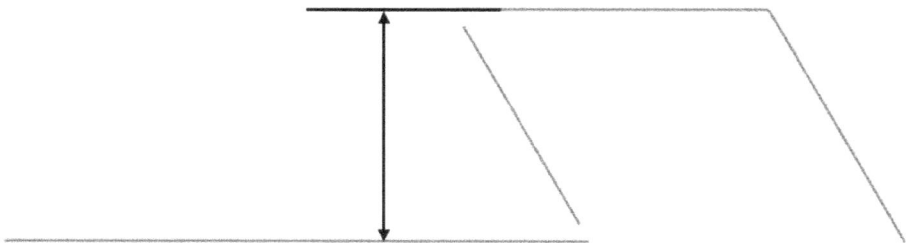

图3 螺杆计量段深度的测量

螺杆旋转延时：机台螺杆开始旋转前至少需要 0.5s 的延时。因为补缩和保压结束后，止逆环座和止逆环是紧密贴合的；如果螺杆没有任何延时即开始旋转，金属部件之间就会首先发生相对运动，这会造成止逆环提前磨损。但如果螺杆在补缩和保压后延时旋转，紧靠着的金属部件便可先行分离，这样密封部位的磨损可降到最低。

反向加热曲线：螺杆后部温度高于前部及喷嘴部分的温度分布曲线。

正常加热曲线：螺杆后部温度等于或低于前部及喷嘴部分的温度分布曲线。

进料口：进料口的推荐温度一般介于 105 ℉（45.5℃）到 150 ℉（65.5℃）之间，或尽可能接近烘料温度。另一种温度确定方法是：低温下限应避免结露，高温上限原料不能粘结。

料筒排气：进料口应保持温度合适的另一个原因是它也可用于料筒排气。随着原料进入料筒，挤压和加热过程开始，混在原料里的空气和挥发性物质需要有地方排出，进料口就是最合适的地方。如果进料口附近温度过低，从原料中释放出来的挥发物和添加剂便会在料筒内侧形成凝结层。凝结层会阻碍挥发物和空气进一步排放，并将它们困陷在熔料中，从而形成气泡或其他产品缺陷。（下图所示）

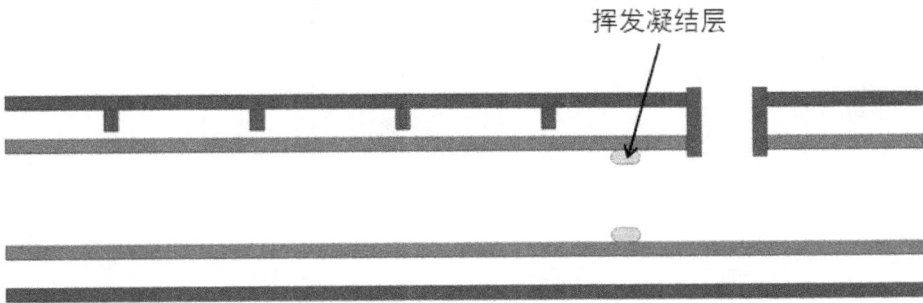

挥发凝结层

进料口处添加剂形成的凝结层

螺杆（活塞）- 注射单元

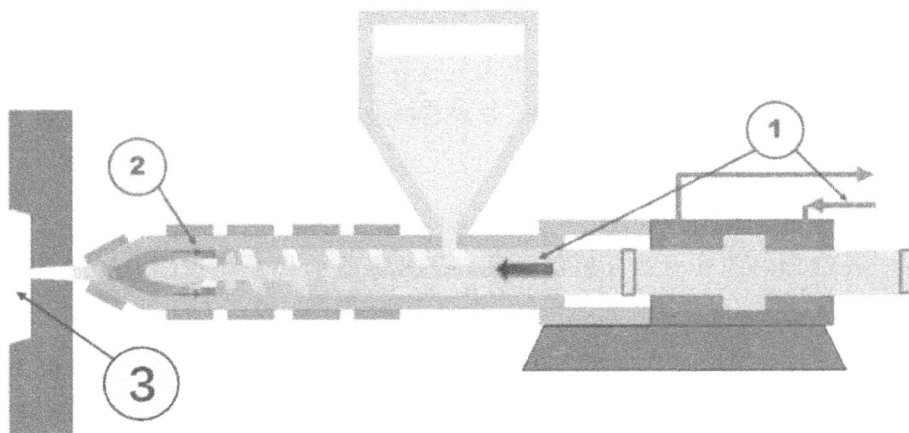

注：1. 螺杆提升传动装置中的液压；2. 螺杆前端空间中的压力：注射压力；3. 模腔压力。

注射和保压压力：注射时的螺杆像一个活塞，它被推进塑化料筒，同时将位于其前端的材料通过喷嘴头压进模具，直到其被填满（注射阶段）且材料被挤压（压缩阶段）。

在材料凝固过程中，必须有足够的溶体从料筒填压到模具中，以便补偿容积收缩（保压阶段）。

塑化料筒：

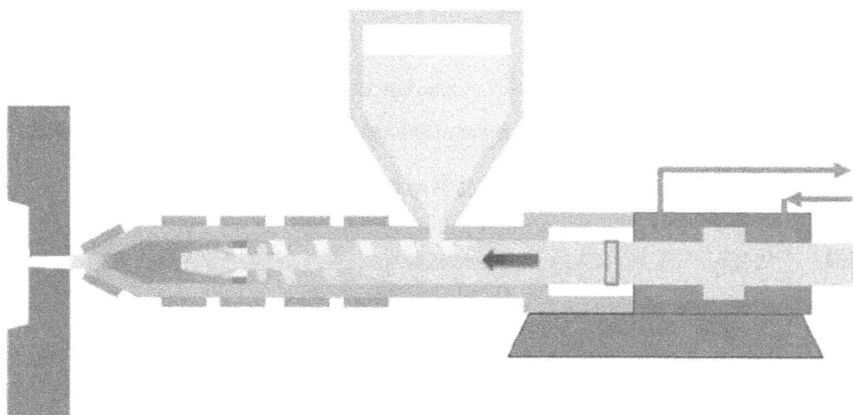

螺杆位于定量装置的末端，已塑化的材料位于螺杆头前。

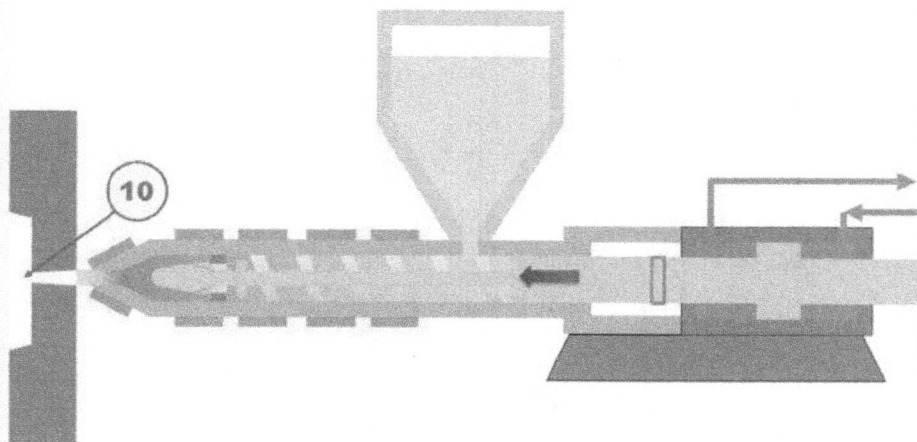

螺杆位于注射末端；已塑化的材料被注塑进模具。

在螺杆前还有用于向模具进行保压传送的料垫。

注塑的优势：注塑方法的最大优势在于较高的经济性，仅需一个工作流程（通常是全自动的）即可生产出高品质注塑件，实际生产中不需要任何再加工。

（1）射出机构部

a. 螺杆前进后退：通过将伺服电机的旋转传给滚珠丝杠，使螺杆前后进退。

b. 螺杆旋转：经由同步皮带，通过伺服电机的旋转，使螺杆旋转。

c. 射出单元的前进后退（喷嘴接触）。

通过将齿轮电机的旋转传给滚珠丝杠，使射出单元前后进退。此外，喷嘴接触力由于被制动器保持，齿轮电机要工作时才旋转，从而可以节省电力的消耗。

（2）锁模机构部

a. 模开闭：可将伺服电机的旋转传给滚珠丝杠，借由肘杆进行模开闭动作。

b. 顶杆前后进：通过用伺服电机来驱动被固定在顶杆板上的滚珠丝杠，使推顶杆前进后退。

　　c. 模厚调整：通过齿轮电机使设置在后模板上的 4 个连接杆螺母旋转，进行模厚调整。

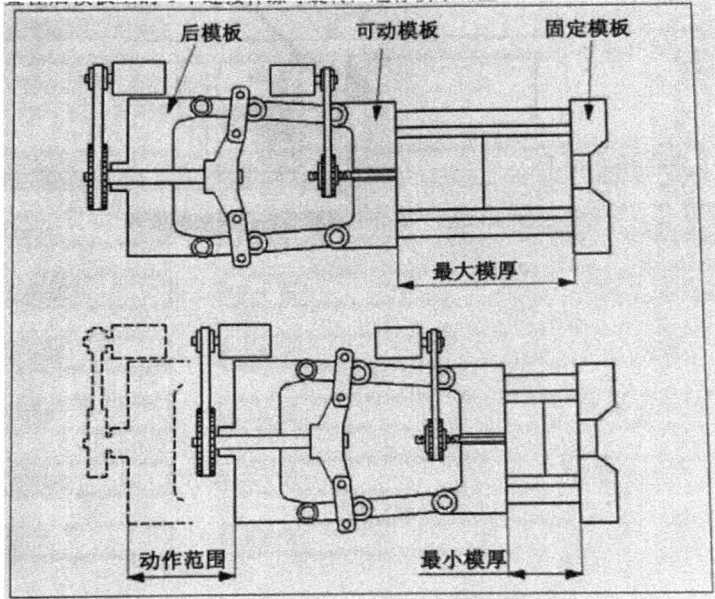

锁模机构部动作范围

螺杆功能介绍

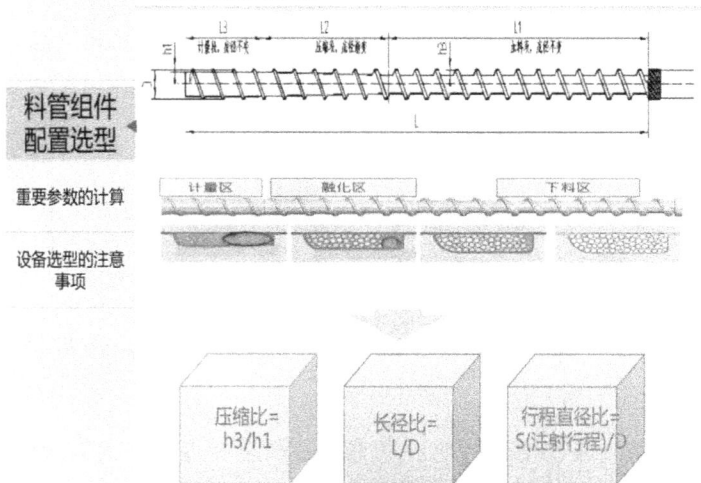

注射时此处贴紧闭合封胶承受高压，如果保压完成后直接旋转储料可能会导致磨损，最好在保压完成后停留0.5秒。

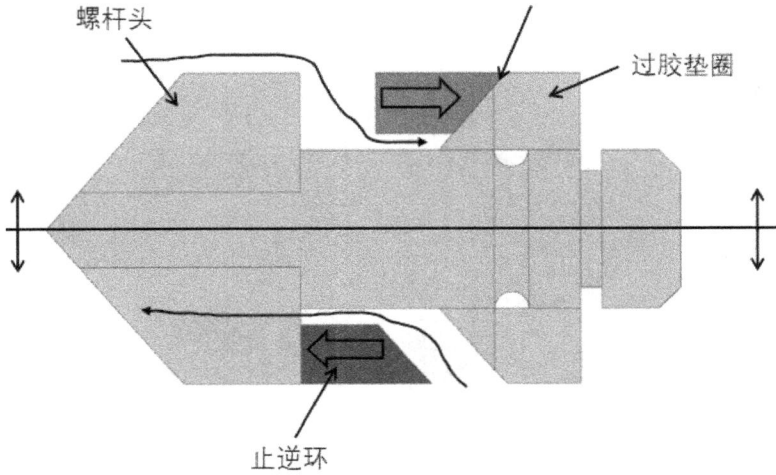

螺杆头

过胶垫圈

止逆环

浇口衬套及射嘴孔径尺寸要求

料管组件配置选型

重要参数的计算

设备选型的注意事项

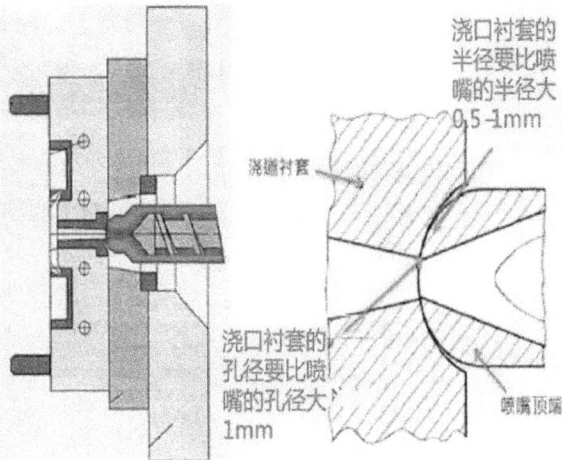

浇道衬套

浇口衬套的半径要比喷嘴的半径大0.5~1mm

浇口衬套的孔径要比喷嘴的孔径大1mm

喷嘴顶嘴

螺杆的使用范围

料管组件配置选型

重要参数的计算

设备选型的注意事项

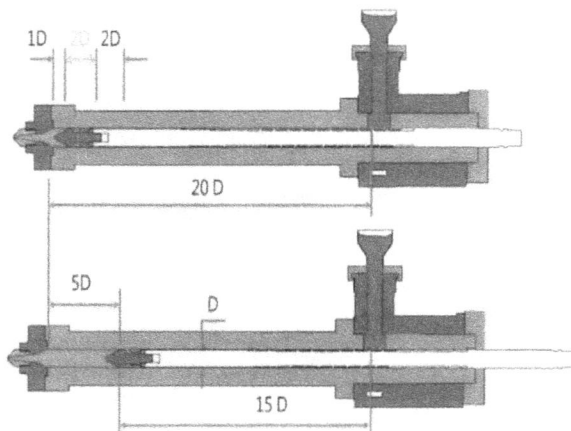

射嘴及射嘴内孔径

料管组件配置选型

重要参数的计算

设备选型的注意事项

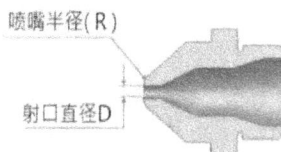

注塑机喷嘴半径与射口直径		
锁模力（Ton）	喷嘴半径R（mm）	射口直径D（mm）
60以下	10-35	2-3
60-120	10-35	2-4
160-560	10-35	3-6
650-1000	20-35	6-8
1000以上	20-35	6-12

3.2 选择注塑机

如何选择合适之注塑机，重点如下：

（1）是否需要专用型注塑机；（2）注塑总重量；（3）锁模力；（4）模具厚度，

高度及宽度；（5）开模行程；（6）定位圈大小；（7）模具主流道与注塑机射嘴之配合；（8）模具顶出孔数量位置；（9）注塑机是否需要特别装置配合（例如专用螺杆，需要外接驱动设备和信号）.

3.3 注塑机的电路和油路的介绍

（1）电器部分的功能

①主要有一部电脑控制系统与周边设备组成；

②根据操作者输入的参数，发出合适的指令到不同的部分；

③接收由不同部分发出的信号；

（2）油路部分

①提供动能给注塑机的不同部分；

②按电脑的指令控制油路的压力：

③按电脑的指令控制油路的流量；

④热交换器对油路中的压力油进行降温。

注塑机的电路控制内容主要有机筒温度、模具温度、注射压力、注塑速度、保压压力、背压压力和位置控制等。在控制装置上，采用小型可编程逻辑控制PLC 组成注塑的控制系统，来实现包括位置控制、速度控制、压力控制、温度控制、故障控制和实时显示等注塑全过程的多种控制，可大大提高注塑制品的品质，有利于提高经济效益。

3.4 注塑机油路系统介绍

压力流量控制采用闭环系统，根据压力和流量反馈信号来分别控制比例流量阀动作。在液压系统中，采用比例压力阀和比例流量阀，对工业环境要求不高，油路更广泛的适应注塑制品加工条件，促进注塑制品质量的提高，而且能利用系统调整工序中所需的压力和流量，节省了功率消耗。

3.5 注塑机的射出装置

（1）注塑部分的功能

注塑：一个直线向前的动作，把炮筒内熔化的塑料注塑进模腔里面。

保压：紧跟注塑的动作，提供一直线的动力，补偿因产品在模腔冷却过程形成的收缩空间。

倒抽（松退）：一直线向后的动作，把螺杆向后抽，防止在射嘴处的熔胶流出。

射台进退：一个直线向前或向后的动作，把注射系统移到模具的主流道口或移离模具。

（2）注塑机的锁模装置：

锁模部的功能：

锁模：一个直线向前的动作，把模具锁紧在动模板与定模板之间。

开模：在模内的塑胶冷却成型后，一个直线向后的动作，把装在注塑机动模板上的动模拉离定模，以方便取件。

顶针及退针：通过装在动模板之后的装置，提供一个向前或向后的移动把塑件顶出。

调模：一个可以向前移或后移的动作，把整个机铰部分、两板之间及尾板之间调到适合模具厚度的位置。

3.6 注塑机的名词介绍

（1）注塑速度

注塑速度：是指螺杆将塑料溶体注入模具的前进速度，这里我们需要了解一下注射速度对材料流变特性的影响，塑料通常表现出非牛顿流体的特性，即注射速度或材料流动速率越快，塑料就会变得越稀，越易充填饱产品。注塑速度是温度压力以外的调机手段，它能对物料粘度进行控制调节。通过注塑速度的控制和调整、可以防止和改善制件外观：毛边、喷射痕、银纹或焦痕等各种不良现象。

（2）保压压力

保压压力：保压压力是在物料充满模腔直至冷却固化前作用于物料上的压力，在保压压力作用的整个时间也称保压时间。

（3）背压压力

在进入下一次注塑前螺杆将通过旋转把熔融物料输送到料筒的前部加以储备，此时螺杆一边旋转一边将料输送到料筒前部，在前部的熔融物堆积产生的反作用力而使螺杆后退。为了阻止螺杆快速后退的力就是背压。它可以提高材料的熔融效果和材料的密实度，可以提高注射计量的稳定性。但背压过高会使物料因摩擦热增加而引起温度上升有可能导致材料性能下降。相反背压过低会引起注射量的计量不准。

（4）料筒温度

对料筒的温度设定时，一般会使之保持一定的温度梯度，即从后部至前部的射嘴应设定温度逐渐增高，首先在送料段所设定的温度主要是对物料进行预备加热，压缩段的温度应高于材料的熔点，寻找和考察其物料的最佳温度可进行 3-5 摄氏度范围的小幅度调节。

（5）模具温度

模具温度低，模腔内的物料冷却快，提高成型效率，但模温过低容易引起制件品质问题，如流痕、缩水、融合线等。

（6）注射

注射过程分为两个阶段，第一阶段是把熔融物料高速的注射入模具中的阶段，此时的压力称为注射压力，第二个阶段是材料充满模具所需的压力称为保压压力。注射压力过低会引起充填不足的情况。压力高可使制件的密度增大收缩率减小，但过高的话则会使制件产品毛边或发生较大的残留应力，有时则还会使制件脱模困难。因此在调试产品的时候，应从低压开始逐渐提高，以确定合适的一次注塑压力。保压压力是在物料充满模腔直至冷却固化前作用于物料上的压力，它的作用是防止毛边的发生和过度充填的基础上把伴随着冷却固化中因收缩引起的体积减小的部分进行不断地补充，以防止制件因收缩而产生的缩痕（缩水）。其压力一般比一次压力低。

3.7 注塑机台安装保养事项

（1）横向水平调节，将精密水平仪放置在格林柱上如图 1 中的位置，通过反复调节机身垫脚的调节螺丝，直到调节合模机身横向水平符合容许值要求（0.02mm ： 1000mm）。

（2）纵向水平调节，分别在动定模板安装两枚水平杆定位销（放于附件箱中），将精密水平仪沿水平杆方向放置在水平杆中心位置，如图 2。反复调节机身垫脚的调节螺丝，直到调节合模机身纵向水平符合容许值要求。

（3）为了确保合模机身的水平，必要时需要反复调整机身的纵横方向水平。

水平仪

水平杆

图1　　　　　　　　　　　图2

注射机身水平调节

（4）注射机身水平调节

①将精密水平仪放置在机身加工平面上，通过反复调节机身垫脚的调节螺丝，直到调节注射机身水平符合容许值要求；

②拧紧机器垫脚上的螺钉；

③拧紧注射机身和合模机身对接螺栓（整体机身可忽略此条），至此机身水平调节完成。

（5）动模板调整（如下图）

动模板

下斜铁

动模板滑脚调整

①动模板尽量移动至格林柱中心位置，关节伸张，二板滑块先全部放松状

态（紧固螺钉拧松）。

②用塞尺检测下方拉杆与铜套的最大间隙，依次调节对应的动模板滑块螺丝。确保拉杆间隙在3丝以内，上斜铁与动模模板底面间隙控制在2丝以内。反复调整到容许值内，拧紧相关螺钉。其它几块如上调整。

（6）动定模板平行度调整（如下图）

通常，定模板和动模板的模具安装基准面的平行度比较稳定，但由于运输和安装的不当，可能会使其发生变化，请在安装后复检。

定模板和动模板的模具安装面的平行度工差值要求如下图，使用千分表按照下图所示在不同的模板位置进行检测，平行度不能超出规范。

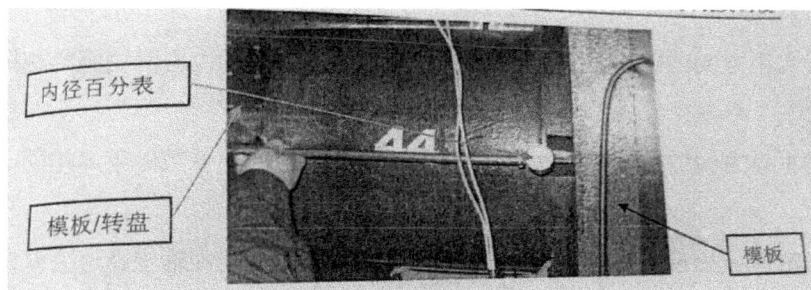

模板平行度测定

机台型号	合模力为最大时（负载MM/M）
100吨	≤0.08
180吨	≤0.1
280吨	≤0.15

（7）喷嘴的中心调整

注射喷嘴与定模板上模具定位孔的同轴度（图A），可按下述方法自行调整，调整后的同轴度要≤0.25。本项调校应该在机身的横向和纵向水平调整完成后进行；调校前需要松开射台支座两侧及两端与机身联结的防松螺钉（图B），同时松开射台支座两侧水平调整螺栓上的锁紧螺母（图C）。

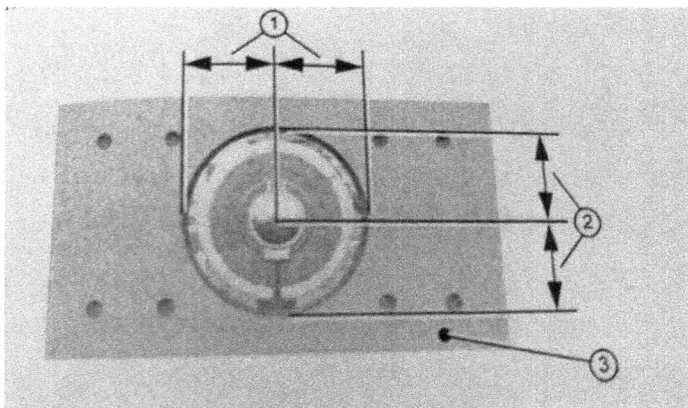

图A 喷嘴对中示意图

①水平方向的位置测量（喷嘴与模具具中心定位的左右两侧距离相同，水平方向）。

②垂直方向的位置测量（喷嘴与模具中心定位的上下两侧距离相同，竖直方向）。

③定模板出现以下情况时：当喷嘴与定位圈中心的同轴度超出公差范围时必须进行喷嘴与模具定位孔同轴度的调校：上下方向的调整是用注射座上的调整螺栓来进行调整。（图 B）请松动注射座的制动螺栓。根据测量结果旋转相对应的调节螺栓，进行上下方向的微调整。

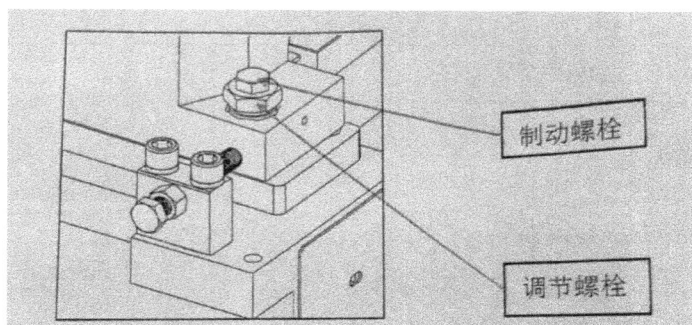

图B

左右方向的调整：左右方向的调整，用注射座的前板来进行调整（图 C）。

①请松动注射座前板部紧固螺钉（两根）、前板的锁紧螺母（两个）和调

节螺钉。

②根据左右位置偏差，相应调节后板部的调节螺钉。

③转动旋转台使喷嘴和模具中心相吻合后，拧紧紧固螺钉，再用锁紧螺母固定好调节螺钉。

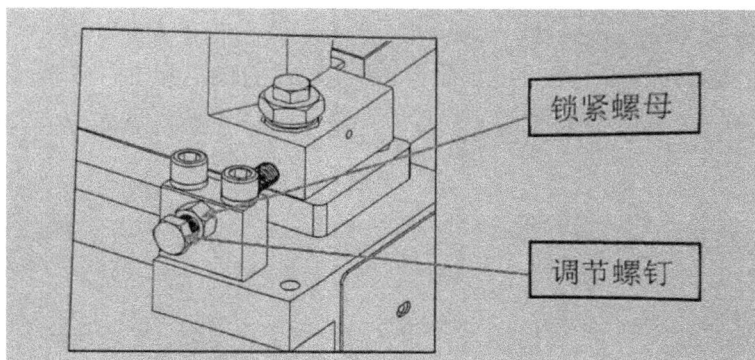

图C

清料操作：当机器停止使用一段时间或者换用其它材料时，必须进行螺杆料筒的清洗作业。在此可设定自动清料的次数以及自动清料的安全时间，当计数到达设定值自动清料完成。

3.8 机器试运转

基本的注意事项：在进入实际注塑运转之前，为了防止事故以及故障的发生，请特别注意以下事项。

有关错误操作：（1）手动运转的时候，在螺杆料筒升温不充分的状态下请勿进行注射和储料操作。（2）在操作时为避免将［开模］、［射出］、［托模进］等键搞错，请看准按键后再进行操作。

（1）螺杆料筒温度设定：将螺杆料筒的温度设定在所使用树脂的适合温度。一般的设定温度原材料物性表里有说明。但是，由于树脂种类多种多样，为确保将树脂熔化，请务必明确各种树脂所需的温度值。螺杆料筒即使升温达到了设定温度，但螺杆料筒内的剩余树脂并非都完全熔化。在达到设定温度后建议再经过10分钟以上再开始注塑。另外螺杆的储料速度最初请采用低速旋转。

（2）树脂中混入异物：在粉碎产品和料头的时候，在进行粉碎料输送、搅拌的过程中有可能混入了异物、粉碎机的刀刃片等杂物。这些异物如果进入螺杆料筒内，会损伤螺杆、止逆环和螺杆头。所以，在加料前请确保树脂内无杂物。

（3）更换材料时的操作：例如聚碳酸酯（PC）更换聚缩醛（POM）的时候，在 PC 的设定温度下由 PC 更换成聚乙烯（PE）或聚丙烯（PP），接着把温度降低到 POM 的设定温度，由 PE（或 PP）更换成 POM。[即如果剩余 PC 在螺杆料筒内的状态下，温度已经降低到 POM 的设定温度，在 PC 固化的状态螺杆进行旋转，会造成螺杆的损坏。尼龙（PA66）更换 POM 的时候也有同样的情况]。

（4）加热器的故障：请注意不要使树脂粘附在热电偶上。万一粘附，请立即清除。另外请注意防止由于加热器安装螺栓松动、过电压等原因引起的加热器断路。

（5）加热作业结束后的清洗：在加热作业结束或关闭加热器的时候，要充分进行清洗，排出螺杆料筒内的树脂。另外作业中断时即使关闭加热器也要将聚缩醛（POM）等容易分解的树脂更换成聚乙烯（PE）或聚丙烯（PP）并进行清洗。

（6）液压油油温的控制：液压油的最佳工作温度为 45℃，如油温低于 40℃，油的粘性过高，高于 55℃，则油的粘性过低。为在注塑加工开始时机器就能处于最佳状态，如油温低于 40℃，应先做液压油预热工作。预热工作可以只启动油泵电动机，进行空运转；也可以做某一动作，如中子进、中子退，设定一定的压力和流量，这样油温上升速度会快些。

（7）注塑运转结束时的顺序

结束或中断注塑运转的时候，请按照下列顺序进行。

①停止给螺杆料筒供给树脂，拉动料斗，使料斗完全远离落料口。

②按操作面板上的 [手动] 键。

③按下 [座台退]，使注射座台往后退。

④切换 [射出][储料] 开关，反复进行注射 / 储料，彻底清洗螺杆料筒内的树脂。

⑤按下 [电热关] 键，关闭加热器电源。

将容易分解的树脂 [聚缩醛（POM）、聚氯乙烯（PVC）] 更换成聚乙烯（PE）

或聚丙烯（PP），并要充分进行清洗。如果螺杆料筒内剩余有 POM 或 PVC，残热或再升温时被加热分解后会产生有毒气体，可能造成危险。

如果螺杆料筒内剩余有树脂，再升温时，料筒温度即使达到了设定温度，内部的树脂也不会完全熔化。在这种状态下，如果进行螺杆旋转和注射动作，可能会导致螺杆损坏。

清洗作业要做到喷嘴不再流出树脂为止。

树脂从喷嘴中不再流出时，立即停止螺杆旋转动作，如果螺杆继续空转，有可能会损伤螺杆以及螺杆料筒内壁。

⑥按 [开模] 键，使模具不要在上高压状态（模具要微微开点间隙）。

⑦按 [马达关] 键，停止伺服电机。

⑧关闭数据锁。

⑨把 [主电源] 开关打到「关」位置。

⑩清扫设备周围。

需要再启动设备时，请按照以下的顺序进行。

说明：设备再启动的时候，请确认操作面板的所有键指示灯都不亮。

①转动 [紧急停止] 开关，使之恢复通电状态。

②按下 [马达开] 键。此时伺服电机就成为运转状态。

③按下 [电热开] 键，进入电热圈的加热状态。

④按 [开模] 键打开模具清理模具表面脏污和排气，然后按照所需要求进行动作方式的选择以及动作的操作。

换色以及换材料的要领：

①相同材料的换色：

a. 拉动料斗，使料斗远离落料口，把螺杆料筒内的树脂排出，反复进行清料直到螺杆不会后退为止。

b. 按 [马达关] 键 . 停止伺服电机。

c. 拆下料斗，用压缩空气和刷子清扫料斗内以及螺杆料筒的材料供给口。

d. 再次安装料斗，装填好新的树脂后使料斗落料口对准机筒座落料口。

e. 按下 [马达开] 键，启动伺服电机。

f. 操作 [射出]+[储料] 或者自动清料，反复进行清料，直到从喷嘴中排出的熔化树脂的颜色完全改变之后终止作业。

②换材料：

a. 用和 [相同材料的换色] 同样的要领进行，请确认螺杆料筒是否适合新材料。（例如材料是否含有玻纤或其它特殊功能的添加剂、原料是否有腐蚀性、是否对螺杆有特殊的要求等）。

b. 原来的树脂和新树脂的注塑温度差很大的时候，在最初时要更换成注塑范围大的树脂 [聚乙烯（PE）、聚丙烯（PP）]，接下来再换成新树脂。

c. 对聚氯乙烯（PVC）注塑如果材料发生分解时，请拔出螺杆，清洗螺杆料筒。

说明：

（储料行程（最大行程的 20 ～ 30%），反复进行注射（清洗）、储料，对节约材料和缩短换色时间很有效果。

第四章　注型成型工艺——工艺

1. 注塑工艺概论

　　注塑工艺波动：波动是一种正常现象，在注射成型过程中，连续测量100个产品的长度尺寸得到一个平均值，但实际上每个产品的尺寸会小于或大于这个平均值。所以波动是无法避免的，我们的目标是将其最小化。为了保证注射产品的质量，就需要测量其偏差，掌握制程的波动数据。如图所示标记为 a 的产品它们尺寸都在规格范围内。但是标记为 b 的产品并不符合规格。但偏差范围小于公差带范围，这样我们就能去修正模具尺寸来达到其尺寸要求。

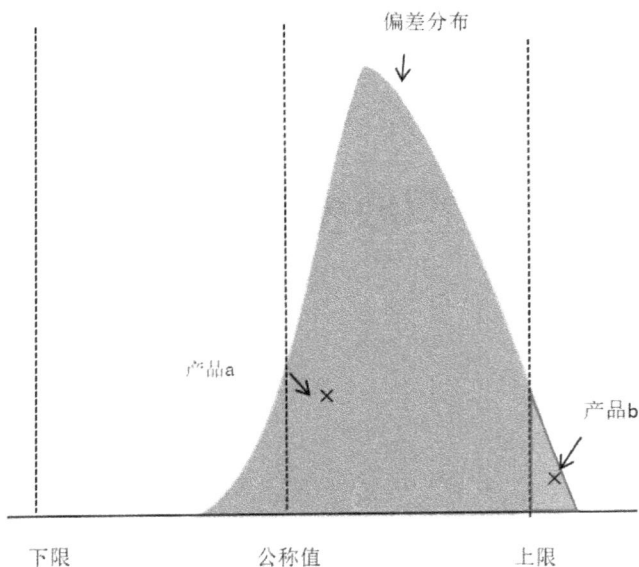

2. 波动的评估

　　如图所示，注射成型过程中，引起波动的因素不止一个，例如人、机（设备）、料、法（工艺）、环、测等。注射产品质量的波动是多个因素综合作用的结果。因此，控制每个因素的波动将有助于减少最终产品质量的总体波动。

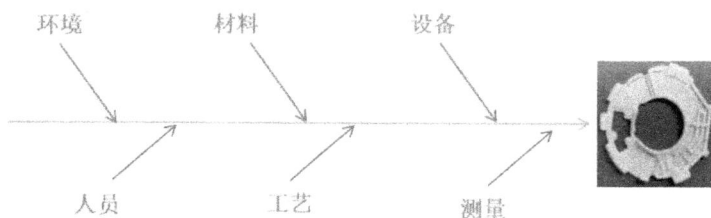

导致注塑产品产生波动的部分原因

3. 与注塑加工有关的主要塑料性能

3.1 流动性

同样材质相同压力和温度下将熔融状态的物料排出来得越多越重说明流动性越好。同一种类不同牌号的塑料的流动性均不相同，不同厚度的塑件对塑料的流动性提出不同的要求，塑料的流动性与成型温度和压力等条件密切相关。通常若流动性太好，注塑件周边容易出现披锋（毛边）及喷嘴流延造成水口易堵塞。而塑料的流动性过小。对于薄壁产品或流程较长的注塑件，注塑时流动困难，易出现缺胶、缩水等现象。或必需用高压条件注塑才能打饱，但这样容易造成塑件内应力过大。我们要根据产品结构、大小、厚薄情况，选择流动性合适的塑料成型。

3.2 吸水性及挥发物含量

在热塑性塑料中或多或少的含有水分及挥发物，适量的水分有增塑的作用。如果塑料中的水分及挥发物超过一定的比例时，则会在注塑时出现很多问题（如：降解、发雾、强度降低等），严重时可产生起泡（银纹）、表面粗糙，对于透明制品透光性被破坏（浑浊不清）等不良现象，对精密塑件很难保证其精度。但是绝对干燥的塑料会引起流动性降低，脆性增加，成型时充模困难，也是不可使用的，这一点要特别注意，有的人认为塑料干燥的越充分越好，这是一个错误的观念。引起塑料中水分和挥发物多的原因主要有以下三个方面：

A. 塑料树脂的平均分子量低；

B. 塑料树脂在生产时没有得到充分的干燥；

C. 吸水性的塑料因存放不当而使之吸收了周围空气中的水分，不同塑料有不同的干燥温度和干燥时间的规定。

结晶性较好的聚合物会因其结晶化的进行而产生体积收缩，进而影响其制品的尺寸稳定性。因而必须设法在加工时尽可能使其结晶度提高到固有的程度，以防止后收缩引起制品的尺寸稳定性。现实上为了改善制品的尺寸稳定性，常在树脂中添加一些能起结晶化的促进剂（成核剂）。

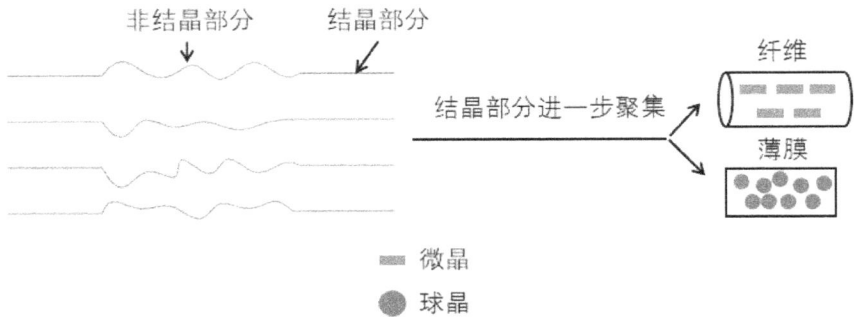

热塑性树脂的结晶部分和非结晶部分的模型

　　热塑性树脂固体中的分子聚焦状态有疏有密，可以把致密的部分称为结晶部分，而把过疏的部分称为非晶部分，大多数的聚合物都会有某种程度的结晶部分；因此我们把结晶部分的含有率称为结晶度。但一般而论像尼龙那样具有官能基的聚合物或像聚丙烯，聚乙烯分子排列较规整的聚合物，它们的结晶度较高。而共聚物或混合的聚集物等结晶度较低。一般聚合物的实际结晶度比其固有的结晶度要低，有些产品其结晶度可以通过热处理或提高模温的方法得到一定的提高。

　　结晶度高的聚合物其强度增加、伸长率下降、体积减小。熔融温度（熔点）也越高，而且强度大，透明性低。可见结晶度和物性有着紧密的联系，各种树脂在拉伸性能上的变化和该树脂在成型加工过程中产生的结晶化的差异有关。而且结晶差异越大，聚合物其拉伸特性的变化幅度也越大。

　　3.3 聚合物特性及其对注射成型的影响

　　形态是指分子的排列形式。聚丙烯（PP）是结晶材料。当聚丙烯熔化时，分子彼此远离，导致晶体消失。由于所有分子处于随机排列状态，熔融态的聚丙烯便成了无定形态。所有结晶聚合物的熔体都是无定形的，液晶聚合物（LCP）除外。|

　　在注塑机料筒中，螺杆起着输送和熔化塑料的作用。螺杆的后端是塑料粒子先接触螺杆的位置，这部分螺杆的任务是输送和软化粒子。因结晶型聚合物的晶格熔化需要大量热能，所以第二加热段温度设定要比一区段更高，以软化分子链。考虑到材料可能具有热敏感性，无法长时间耐受高温，下一区段的温度应有所降低。这样的温度分段曲线中部会有一个驼峰突起，结晶类材料大多如此。对于非结晶材料来说，类似分段并无必要。这是因为非结晶型材料熔化所需能量较少，并且可以在料筒中停留较长时间，如图所示。

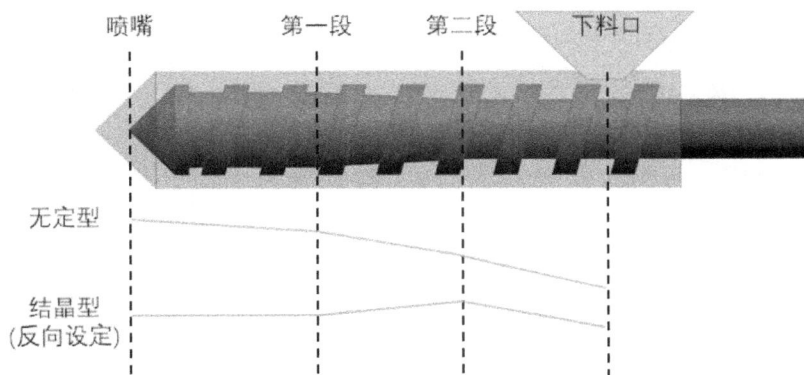

无定形和结晶聚合物料筒温度分布

无定形与结晶型材料的加工差异

工艺	无定形	（半）结晶
模具填充速率	可用低速	最好高速
模具温度的影响	提升外观质量和释放应力	提高力学性能，外观质量并释放应力
料筒温度设定	常规温度曲线	可能需用反向曲线
熔体热稳定性	好	差
螺杆旋转速度	可用低转速	高转速
喷嘴温度控制	容易	困难（要避免流涎和冷料）
冷却时间	较长	较短

这仅为粗略比较。产品和模具设计会对表中每一个要素产生影响。

一些材料的玻璃化转变温度和熔化温度

聚合物	Tg/℃	Tm/℃
聚酰胺6（尼龙6）	50	250
聚丁二烯（反式）	−54	47
高密度聚乙烯（HDPE）	−125	146
聚丙烯（间规）	−8	204
聚苯乙烯（PS）	100	250
聚氯乙烯（PVC）	−18	191
聚碳酸酯（PC）	150	243
丙烯腈−丁二烯−苯乙烯（ABS）	104	—

注：由于具有相同基底的聚合物可分多个等级，且供应商提供的原料中常掺有添加剂，以上数值仅供参考。以三元共聚物 ABS 为例，其中丁二烯含量越高，玻璃化转变温度就越低。

聚合物流变学：所有聚合物溶体均为非牛顿流体，并且都具有剪切稀化的特点，即随着剪切速率的增加，黏度下降。

塑料的干燥：

大多数塑料在潮湿环境下都会吸收水分，无论是未加工的塑料粒子，还是已加工的注塑产品，概不例外。易吸湿的塑料称为吸湿性塑料或亲水性塑料，而不吸湿的塑料则称为疏水性塑料。聚酰胺（尼龙）是一种常见的吸湿性塑料。用聚酰胺生产的产品，其尺寸会根据吸湿程度高低而变化。聚酰胺产品吸收水分后会发生膨胀，尺寸随之增加甚至超出规格范围。尽管注塑件的吸湿现象在所难免，但为了获得合格的产品，我们仍应在注塑加工之前，将塑料粒子的含水率控制在一个可接受的水平上。每种塑料都有可接受的最高含水率标准。一旦超过该标准，生产过程就可能会出现问题。因此生产中应确保材料含水率低于推荐值。下表列出了一些未填充材料的最大含水率。这些材料均不含填充料。填充料大多是疏水性的，即不吸收水分。以不含填料的聚酰胺材料为例，加工前材料中的含水率应低于 0.20%。如果某牌号的聚酰胺含 50% 玻璃纤维，那么剩下的 50% 聚酰胺中能接受的含水率就是 0.2% 的 50%，即 0.1%。进行含水率测试时，必须考虑到填充料的比例。然而大多数材料供应商在提供材料性能表时都忽略了这个细节。

未填充材料的最大含水率

学名	简称	推荐最大含水率/%
聚甲醛（POM）共聚物	POM共聚	0.25-0.20
聚甲醛（POM）均聚物	POM均聚	0.2
丙烯酸、聚甲基丙烯酸甲酯	PMMA	0.095-0.10
丙烯腈-丁二烯-苯乙烯	ABS	0.010-0.15
聚酰胺6	尼龙6	0.095-0.20
聚酰胺66	尼龙66	0.15-0.20
聚酰胺66/6共聚物	尼龙66/6	0.090-0.20
聚邻苯二甲酰胺	PPA	0.045-0.15
聚碳酸酯	PC	0.015-0.020
聚对苯二甲酸丁二醇酯	PBT	0.020-0.040
聚对苯二甲酸乙二醇酯	PET	0.0030-0.20
聚醚酰亚胺	PEI	0.020-0.025
高密度聚乙烯	HDPE	NA
低密度聚乙烯	LDPE	NA
聚苯硫醚	PPS	0.015-0.20
聚丙烯均聚物	PPA均聚物	0.050-0.20
通用聚苯乙烯	PS（GPPS）	0.02
耐冲击性聚苯乙烯	HIPS	0.1
聚氯乙烯	PVC	NA
苯乙烯-丙烯腈	SAN	0.020-0.20

注：NA 表示可以忽略。

聚酰胺类的材料在生产加工中，水分如同熔体黏度调节剂，对成型加工起着极为重要的作用。因此对材料的最低含水率有着一定的要求。加工前塑料粒子的干燥流程非常关键。吸水性塑料粒子必须进行规定时长的高温干燥，有效地去除其中多余的水分。然而，当塑料粒子干燥时间和温度超过材料供应商的标准时，会出现"过度干燥"，也会产生不良后果。过度干燥会对产品的力学性能和外观产生较大的负面影响。

干燥不当会导致生产中的产品报废，由此浪费的生产时间难以弥补。干燥通常是由注塑车间的烘干设备完成的。有些塑胶原料交货时已进行了真空密封包装，材料取出后立即投入加工的话，则不需要进行干燥。如果打开包装后材料未用完，再次使用前则仍需进行干燥。

相对湿度和露点：塑料除湿时所用的干风越干燥越好。当含水塑料颗粒置于干风中时，干燥系统为寻求动态平衡，会将塑料中的水分不断带走。空气的干燥程度可用两个术语来表示：相对湿度和露点。相对湿度是样本空气中的水蒸气含量与同一样本空气中能容纳的饱和水蒸气含量之百分比。水蒸气饱和水平随温度而变化。温度越低，空气中所能容纳的最大水蒸气含量就越少。

露点其定义是：空气中所含的水气含量不变，在固定的气压下，使空气冷却到饱和时所需要降至的温度。因此较低的露点意味着空气中的水蒸气含量较低。露点为 -40℃时的样本空气中水蒸气含量极低。因此该温度可认为是干风输入干燥机时的目标露点温度。

举个例子，干燥机温度设为 100℃，即输入干燥机的空气温度为 100℃。在此温度下，空气仍含有水蒸气，其含量取决于相对湿度。水蒸气的存在会阻碍塑料达到应有的干燥水平，因此需要进一步干燥。常用的做法是利用干燥剂床来吸收气流中的水蒸气。随着空气中水分的减少，其凝结温度或露点温度也会降低。较低的露点温度也表明，供给干燥机的空气中水蒸气含量较低。因此，测量露点可以反映空气的干燥程度。露点为 -40℃时的空气质量达到了干燥塑料的要求。空气的最终含水量与温度、相对湿度和露点均有关系。

干燥空气流量：低露点的干燥空气经加热到推荐温度后，供给干燥原料的料斗。随着干燥过程的进行，材料内部的水分逐渐浮上材料表面，并最终被带走。因此为了保证干燥效果，系统应提供充足的干风流量，这点十分重要。

4. 常用塑料提高流动性能的方式

序号	塑料代号	俗名	改进方式
1	PE	聚乙烯	提高螺杆速度
2	PP	聚丙烯	提高螺杆速度
3	PA	尼龙（聚酰胺）	提高螺杆速度
4	POM	聚甲醛	提高螺杆速度
5	PC	聚碳酸酯	提高温度
6	PS	聚苯乙烯	两者都行
7	ABS		提高温度
8	PVC	聚氯乙烯	提高温度
9	PMMA	聚甲基丙酸甲酯	提高温度

5.塑料熔体粘度对剪切速率的敏感度

尽管大多数塑料溶体的粘度是随着剪切速率的增加而下降的，但是不同的塑料对剪切速率的敏感程度是不一样的。ABS 对剪切速率敏感，PC，PMMA，PVC，PA，PP，PS 对剪切的敏感度依次降低，LDPE（最不敏感）。聚苯乙烯（PS）之所以是最容易成型加工的树脂，就是因为能简单地通过提高熔融温度，或通过提高熔融树脂注入到模具时的速度（注射速度）的方法来降低其树脂粘度。像尼龙含有官能团的树脂其最佳成型温度（实际的注射温度）都在熔融温度附近，而且其温度可调范围较小。如果由活泼原子团组成的加聚物，其最佳成型温度高得多，温度可调范围大，通过提高注射速度的方法等都可降低其熔体粘度，加聚物树脂的特性可以通过多级注射速度的方式得到更好的发挥。

6. 压力对塑料熔体粘度的影响（示例）

序号	名称	熔点温度℃	压力变化范围/Mpa	粘度增大倍数
1	PS	131-165	0-126.6	134
2	ABS	130-160	14-175.8	100
3	PE	105-136	0-126.6	14
4	HDPE	105-137	14-175.8	4.1
5	LDPE	105-125	14-175.8	5.6
6	MDPE	110-120	14-175.8	6.8
7	PP	160-176	14-175.8	7.3

　　热塑性树脂存在这样一种倾向，如果其熔体粘度对温度敏感的话对剪切速度就表现得不敏感：相反，对剪切速度敏感的话对温度就不敏感。唯一例外的树脂是聚苯乙烯，它的熔体粘度不仅对温度敏感而且对剪切速度也敏感。

　　乙酸纤维素（CA）、聚苯乙烯（PS）、聚甲基丙烯酸甲酯（PMMA）、尼龙（PA）及聚碳酸酯（PC）等树脂，它们都是随着温度的增加粘度急剧下降的．而聚乙烯（PE）及聚甲醛（POM）树脂则对温度不敏感。一些塑料粘度受温度的影响

序号	塑料	对温度的敏感度
1	CA	最高
2	PS	较高
3	PP	稍低
4	PE	一般
5	POM	差

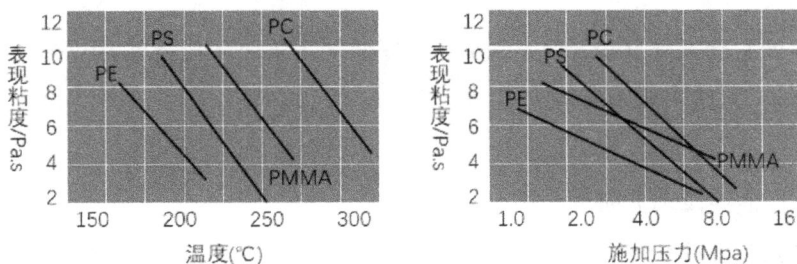

上图表示测定时因加压引起速度（称之为剪切速度）变化时，各树脂熔体粘度的变化情况。聚苯乙烯及各种聚乙烯树脂的熔体粘度随速度的增加表现出急剧下降的倾向，而聚甲基丙烯酸甲酯及聚碳酸酯的熔体粘度则对速度不敏感。

7. 熔体粘度

熔体粘度是反应塑料熔体流动的难易程度的特性，是熔体流动阻力的度量。粘度越高流动阻力越大，流动越困难。聚乙烯的分子形状及其分子量分布的不同，其熔体粘度将有不同的表现。当熔融温度或施加的压力所引起速度变化时，将对加聚物或缩聚物的熔融粘度产生影响。

注塑时发生的熔料流动引起的分子取向（定向作用）

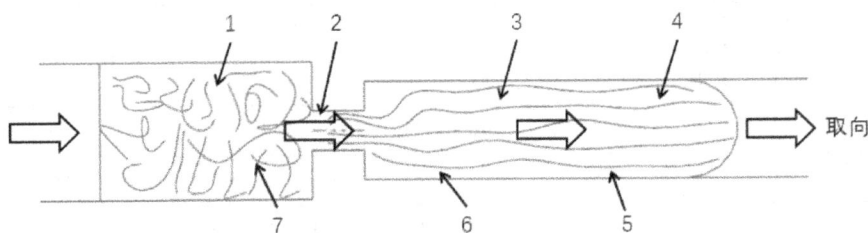

注塑时发生的熔料流动引起的分子取向(定向作用)

注：1- 注塑机料筒；2- 树脂注入模具（实际上由主流道、浇口组成）；3- 模具（型腔内部）；4- 中心处流速较快的部分；5- 沿模腔壁面而流速慢的部分；6- 取向而拉伸展开的树脂分子；7- 缠绕在一起的树脂分子。克服取向作用的一个途径是采用较科学的注塑条件（如：加快注塑速度，提高料温

和模温），必要时让制件在接近塑料软化温度下进行"退火"但效果并不太理想。备注：退火是在低于 Tm 而高于 Tg 的温度下（一般是在热变形温度以下 20 ～ 30℃）进行的热处理方法。

黏度曲线及填充时间分析

建立黏度曲线的目的是分析注射速度和压力对塑料熔流黏度的影响区域。在产品质量允许的前提下，注射速度越快越好。最优注射速度的选择范围应为注射速度和压力对熔体黏度影响最小时得到的。最佳注射速度能减轻生产过程中因注塑要素波动对工艺造成的影响，比如材料特性波动或黏度变化。黏度曲线是如何生成的呢？选一台注塑机和一套模具，先运行一个预备工艺（打满产品但不过饱）。这能让模具充分预热，料筒里的原料黏度也达到稳定状态。接着开始调整注射的速度，调整注射量和切换位置让产品达到95%～98%满射状态。每次调整让机台稳定地注射 2 ～ 3 模次，然后记录填充时间和注射压力。然后在切换到下一注射速度调整记录（由慢而快）。经过调整注射速度后得到下表。

黏度计算表

行/列	1 注射速度/ （1mm/s）	2 增强比	3 射出压力峰值（样品1）	4 射出压力峰值（样品2）	5 射出压力峰值（样品3）	6 射出压力峰值（平均值）	7 填充时间（样品1）	8 填充时间（样品2）	9 填充时间（样品3）	10 填充时间（平均值）	11 剪切率/S−1	12 相对黏度
1	10.0	10	600	602	601	601	3.40	3.40	3.40	3.40	0.29	40868
2	20.0	10	1240	1240	1241	1240	0.90	0.90	0.90	0.90	1.11	22320
3	30.0	10	1450	1451	1450	1450	0.50	0.50	0.50	0.50	2.00	14500
4	40.0	10	1595	1597	1595	1596	0.35	0.35	0.35	0.35	2.85	11172
5	50.0	10	1700	1701	1700	1700	0.3	0.3	0.3	0.3	3.33	10200
6	60.0	10	1750	1753	1750	1750	0.25	0.25	0.25	0.25	4.00	8750
7	70.0	10	1730	1733	1732	1732	0.23	0.23	0.23	0.23	4.34	7967
8	80.0	10	1743	1745	1744	1744	0.22	0.22	0.22	0.22	4.54	7673

注：相对黏度 ＝ 峰值射出压力 ★ 填充时间 ★ 增强比。

绘制黏度曲线，有了剪切率和相对黏度就可绘制黏度曲线了。根据黏度曲线，便可确定最佳注射速度。挑选曲线最平缓的部分，这样可保证在工艺窗口内即使注射速度发生变化，即工艺过程加快或减慢，材料黏度变化带来的影响也均可忽略不计。虚线处速度为工艺窗口中线。

应避免在黏度曲线末端区域设立工艺窗口（因为采用了最大注射速度，就完全失去了调整空间），也不建议在曲线即将上升的区域设立工艺窗口（低速区间，注射速度对材料的剪切稀释特性会产生较大影响）。

下图（黏度曲线分析）说明尽管我们可以不断提高填充速度，但最终的速度还是由产品质量决定。

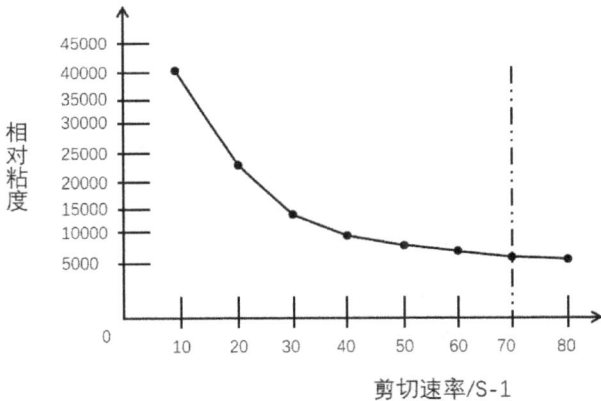

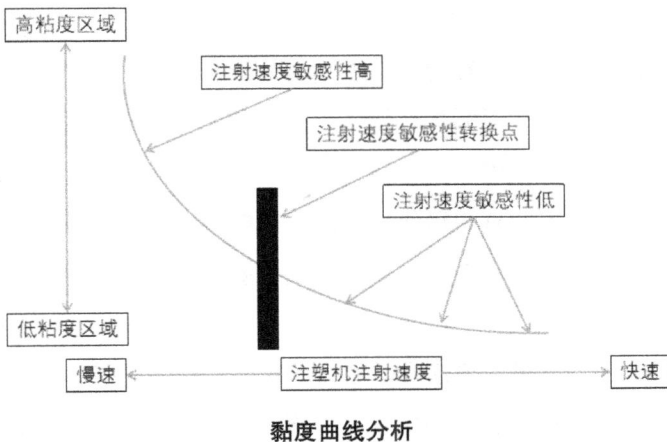

黏度曲线分析

有些材料不可使用高注射速度填充，而必须使用低注射速度或接近注射速度敏感性转换点附近的速度填充（比如 PC、PVC）。

换个角度来看黏度曲线：它提供了管理工艺窗口内速度变化的方法，以及选择黏度变化最小区域的途径。

浇口封闭或浇口冻结测试是为了确定浇口封闭或冻结前可以补充的料量。下图表中的数值可通过称取注射重量获得：然后建立表单为了能获得尺寸稳定的产品，要尽量获取浇口完全封闭的时间，即产品重量无法继续增加的时间。但这也有例外。补缩真的要持续到浇口完全封闭后结束吗？要知道补缩率在浇口处和填充末端是不一样的，填充末端的补缩一般情况下需要的压力会比浇口处大一些。如果产品尺寸在浇口端有偏上限的趋势，要在浇口封闭前停止补缩可能更加有利，因为持续补缩的地方尺寸会继续增大。

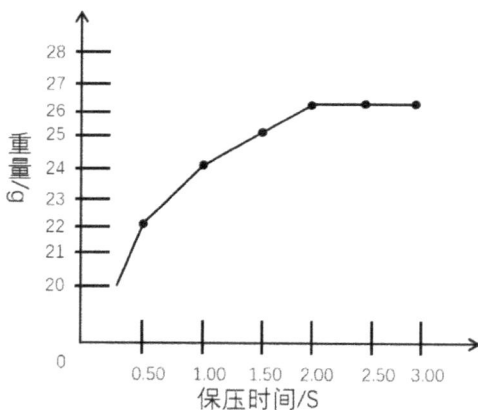

热喷嘴的设计要求是保持塑料在喷嘴处的温度，以便顺利进行下一模次注射。即使浇口需要封闭，保温要求依然存在。型腔中的塑料就像弹簧，型腔压力会将熔料挤压在型腔壁内，一旦压力撤销，它就会立刻回弹。

阀式浇口对塑料封闭有积极作用。阀针向前封闭浇口，有利于改善浇口处的外观质量，同时也能防止塑料回流，因此一般配有阀式浇口的模具成型周期比较短。

无论是冷流道还是热流道模具，或者是带阀式浇口的模具，进行此项试验的主要目的，都是要找到塑料无法继续补缩或产品重量不再增加的时间点。

对于冷流道模具，制表时不需要流道称重。当然，为了找到产品重量不再增加，而流道重量仍可能继续增加的时间点，流道称重就十分必要。这说明了流道大小不会影响浇口封闭时间。当产品重量不再增加而流道重量也停止增加时，流道尺寸就设计小了，偏小的流道对浇口封闭会产生不利影响。所有测试中成型周期应保持一致。

冷却时间应根据保压时间的变化而变化。当补缩时间增加时，冷却时间应该相应减少。完成所有试验后，绘制图形。当产品重量或注射重量曲线趋于水平时，就表示浇口已经封闭，见图浇口冻结、封闭及稳定。浇口冻结试验不适用的情况：软胶类的试验会不稳定。热流道模具浇口直接在产品外观上并且浇口较大也会有不稳定的情况出现。

8. 塑料的取向作用

塑料的取向作用在有些制品上是比较容易看到的。如图 A 中的透明聚苯乙烯圆形面盖制品，粗的直浇口设在中央，由于注塑时起始射压不高，后来的塑料在较大的压力梯度下缓慢进入模腔，造成分子辐射状的取向排列，加上冷却过程太快定向作用便被保存下来。结果，经过一段时间的使用或静置，机械强度的差异便以应力破坏的方式暴露出来，从中央开始沿辐射方向出现众多裂纹。图 B 是黑色的改性聚苯乙烯制件，在料流方向上出现一个弯曲位 A，由于通道突然收缩变窄，塑料充填时压力梯度大，分子取向作用大，热熔料挤开基本冷固了的排列有序的分子链，于是出现了 A 位置应力发白的缺陷。

图A

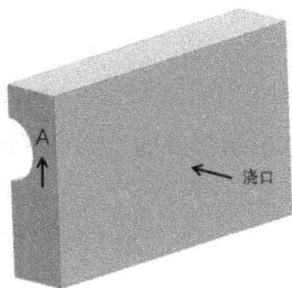

图B

非结晶高聚物的玻璃态、高弹态和粘流态以及结晶高聚物的非晶态部分，在一定条件下会存在分子取向。当熔融状态下的塑料在注塑机中受力的作用下，高速通过喷嘴及模具的流道时，长线形的高分子会顺着流动方向做相互平行的排列，一旦这些排列在塑料冷却固化之前来不及消除而留在了固态塑料制件之中，因此而形成的取向效应便保持下来。一般来说，取向作用会使制件的整体性遭受削弱，表现为塑件内部各处的物理机械性能不均衡。由于分子排列的结果，与分子链相垂直方向的强度将差于平行方向。显然，当这种取向强烈时，制件很可能出现翘曲变形或开裂。

下表列举了几种常用塑料分子取向后其横、直两个方向上的抗张强度及伸长率的比较：

序号	塑料	抗张强度（Mpa）		伸长率（%）	
		垂直	平行	垂直	平行
1	聚苯乙烯	25.5	44.1	0.9	1.6
2	高冲击聚苯乙烯	20.6	22.5	3.0	17.0
3	ABS	33.8	70.6	1.0	2.2
4	低压聚乙烯	28.4	29.4	30.0	72
5	聚碳酸酯	63.7	64.2		

9. 塑料分子的取向

注塑成型加工过程中，有一个取向现象值得注意。我们先看一下塑料实际上是如何流入成型模具的，这将有助于了解塑胶分子在取向方向性的产生原因。如下图所示：

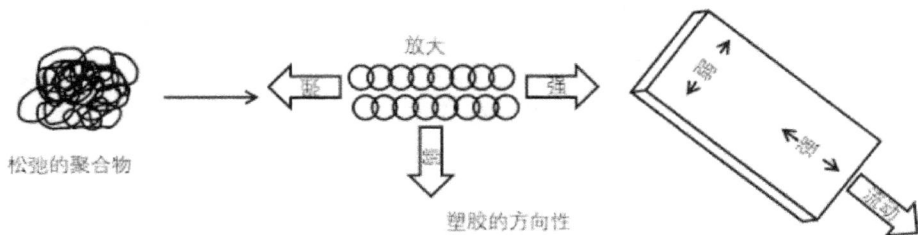

在热的作用下，塑料是从玻璃态经历高弹态转化为粘流态。正常的加工温度应保证这种转化顺利进行，从进料段往前到射嘴段，温度逐渐递增，如若破坏了这种递增，将使操作不稳定。即使有时在实际生产中，射嘴温度比其前段料筒温度略低，但前段料筒位置内的料事实上已完全进入粘流态，稍低温度的射嘴起着保温及出料均匀的作用。塑料的粘流态温度范围有一定极限，超过了这种极限，即超出了分解温度，塑料产生分解，会破坏原来的化学结构，成为低分子化合物，甚至碳化。有时喷嘴对空注塑发生爆鸣声，就是由于气态低分子生成物从料筒内的高压突然转变为低压进入大气，瞬间膨胀造成。这种现象的出现，说明料筒内部分塑料不堪高温或长时间受热而发生了分解。正常生成过程中的塑料，一般不会超过分解温度，但如果料筒内壁或螺杆损伤后有死角，造成长时间停滞或受到剧烈的挤压剪切，就有可能发生分解，注塑出来的制件，往往带有火焰状黄斑。

粘流态：处于粘流态下的塑料分子，网状结构已经解体，大分子链与链之间，链段与链段之间都能够自由移动。可以说，这是塑料的"液体"存在的形式只是粘性大，物理构成不同，力学性质不同。当给予外力时，分子间很容易相互滑动，造成塑性体的变形，除去外力便不再恢复原状。塑料热成型过程可以这样描述：通过热和力的作用，让塑料从室温的玻璃态，经历程高弹态转变为粘流态，注塑入具有一定形状的封闭模腔，然后在模腔内逐渐冷却，从粘流态转回玻璃态，最后形成与模腔形状一致的制品。塑料只能在粘流态下才能注塑充填成型，即是说，塑料的加工温度范围只能是从粘流温度（或结晶型塑料的熔点）到分解温度之间。如果这个范围宽，加工将比较容易，如果这个范围窄，可选择的加工温度限制就大，加工就较为困难。前者以聚乙烯为代表，后者以聚氯乙烯为代表。经常应用的聚苯乙烯、ABS 等亦属于范围宽的一类，所以在设定注塑机料筒温度时，能够比较随意；如果不需考虑色粉对高温的敏感性，温度调高些或调低些，对生产影响不大。

塑料在加热料筒中经历的热分子变化如图 C 所示：

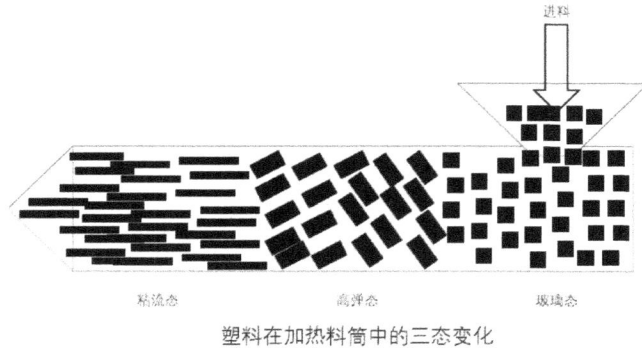

塑料在加热料筒中的三态变化

图C

高弹态有两个特点：

（1）在较小作用力下可产生较大变形，外力解除后能恢复原状。

（2）高弹形变并非瞬间发生，而是随时间逐渐发展。与普通的弹性形变相同，在同样外力作用下，形变要延迟一段时间才能完成，而且形变量大，松弛性也较明显。

塑料的高弹态其实只有在热加工过程中才出现。

当受到外力作用时，分子链段将作瞬间微小伸缩或键角改变。整个塑料形体具有一定的刚性和强度（抗张强度、抗弯强度等）。在这种形态下，塑胶件可以被使用或进行机械加工（如：切削、钻孔、铣刨等）；

一般非结晶形塑料（如：聚苯乙烯、有机玻璃、聚碳酸酯等），其玻璃化温度高于室温，我们可以将原料颗粒、定型了的制件视为玻璃态。至于聚乙烯、聚丙烯等"软性"塑料，事实上也存在着"硬"性的玻璃态。这类塑料中的非结晶部分，玻璃态温度比室温低很多（-123 ～ 85℃），在玻璃态温度以上处于高弹态，表现为柔性，而结晶部分熔点又比室温高（137℃），因晶格能的束缚，链段不能自由活动，表现为刚性，所以也能作为具有固定形状的塑料使用。

高弹态：处于高弹态下的塑料分子，动能增加，链段展开成网状，但分子的运动仍维持在小链段的旋转，链与链之间不发生位置移动。受外力作用时可产生缓慢形变，当外力除去后，又会慢慢恢复原状。在这种状态下，塑料具有一种类似橡胶的弹性，又称橡胶态。通常称为弹性或橡胶体的高聚物，便是在室温下处于高弹态的高聚物。

10. 塑料三态的微观结构和工艺特性

10.1 玻璃态：处于玻璃态下的塑料分子，链段运动基本上处于停止的状态，分子在自身的位置上振动，分子链缠绕成团状或卷曲状，相互交错，紊乱无序。下图所示是结晶和非结晶材料的形态变化。

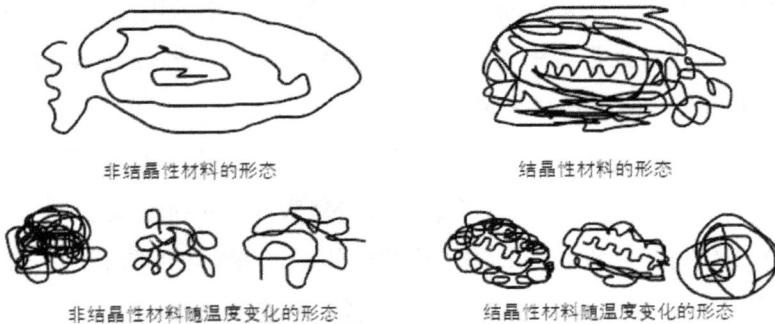

非结晶性材料的形态　　　　　结晶性材料的形态

非结晶性材料随温度变化的形态　　　　　结晶性材料随温度变化的形态

10.2 高弹态：在高弹态下，塑料分子链段可以活动，表现为柔性较强，可以进行热冲压、弯曲、真空成型等热变形加工。

10.3 粘流态：在粘流态下，塑料分子链段可以自由流动，表现为粘性较强，可以进行注射成型、挤出成型、吹塑成型等粘流性加工。

11. 塑料的染色工艺

11.1 塑料的染色 - 着色剂的应用品种有：干粉（色粉）、色种、色母粒、液态色浆等，分为有机颜料和无机颜料两大类。着色剂需要具有以下良好的性能：

着色力强、遮盖力强、分散性（相容性）好、耐热性好、耐光性好、耐迁移性好、耐溶剂性好、耐药品性好、收缩率低等。随着客户对塑料颜色的要求越来越苛刻，色母粒或抽粒的应用越来越广。

11.2 色粉的介绍

（1）色粉大体分三大类：无机色粉，有机色粉，染料。

（2）无机色粉耐温，耐候好，缺点是染色力差，分散性不好，主要是矿物质提炼，耐温可达300度以上，不适用于透明色和鲜艳色。

（3）有机色粉耐温性差，分散性好，可使用于软胶，石化提炼。

（4）染料耐温性好，分散性最好，艳度高，缺点是移形性较高，不适用于软胶，石化提炼。

11.3 抗老化的问题目前老化主要影响塑料制品的颜色和性能，对于家电和电子产品来说主要是对颜色的影响比较大，造成老化的原因主要有两方面。

（1）光老化：太阳光中含有的紫外线对塑料制品辐射造成老化，可加入光稳定剂和紫外线吸收剂来缓解。

（2）氧化：空气中的氧气会加速老化，可以加入抗氧剂来缓解。

（3）目前抗老化配方：光稳定剂 + 紫外线吸收剂 + 抗氧剂。

（4）水口料的回收利用：一般热塑性的水口料均可回收利用，实验证明水口料的添加比例在25%以内，对其塑料的性能（强度）影响不明显（10%以下）。水口料的控制及回收利用是塑料工业的研究课题，热流道模具的使用就是减少水口料的创举。水口料的回收利用次数及比例，对塑料制品的颜色强度等均有不同程度的影响，生产时要严格控制添加水口料量。

12. 防止不良措施

成形产品不良及其原因：成形产品不良可能是不科学的成形条件。不正确的成形产品 / 模具设计或树脂选择不当等复杂的综合原因所造成的。未必有单一的解决方案，所以，要综合分析加以解决。但是，非常重要的事情是，通过识别不良、采取适当的对策、去除不良、制造满足目标的成形产品从而提高生产。要解决不良问题，可采取以下步骤：

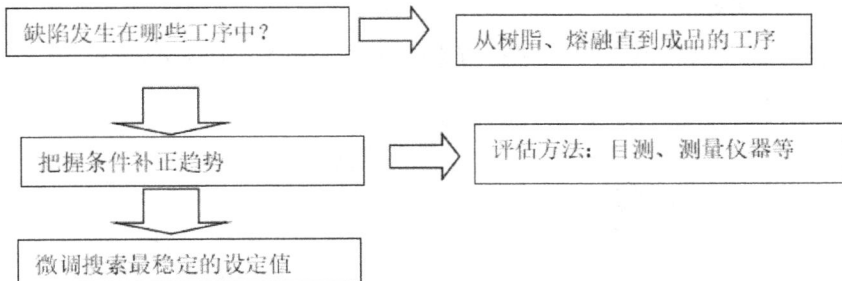

```
┌──────────────────────┐        ┌──────────────────────────┐
│ 缺陷发生在哪些工序中？ │  ⇒    │ 从树脂、熔融直到成品的工序 │
└──────────────────────┘        └──────────────────────────┘
          ⇓
┌──────────────────────┐        ┌──────────────────────────┐
│ 把握条件补正趋势      │  ⇒    │ 评估方法：目测、测量仪器等 │
└──────────────────────┘        └──────────────────────────┘
          ⇓
┌──────────────────────┐
│ 微调搜索最稳定的设定值 │
└──────────────────────┘
```

不良解决方案流程图：纠正成形条件时，应首先充分了解模具结构，然后更改成形条件的设定获得最新的产品。不良解决方案流程图如下：

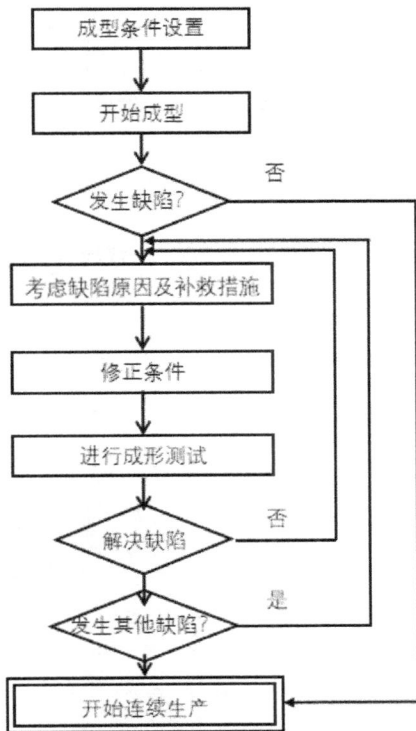

```
          ┌──────────────┐
          │ 成型条件设置  │
          └──────────────┘
                 ↓
          ┌──────────────┐
          │ 开始成型      │
          └──────────────┘
                 ↓
           ◇ 发生缺陷？ ◇ ──否──┐
                 ↓               │
   ┌─────────────────────────┐   │
   │ 考虑缺陷原因及补救措施    │   │
   └─────────────────────────┘   │
                 ↓               │
          ┌──────────────┐       │
          │ 修正条件      │       │
          └──────────────┘       │
                 ↓               │
          ┌──────────────┐       │
          │ 进行成形测试  │       │
          └──────────────┘       │
                 ↓               │
           ◇ 解决缺陷 ◇ ──否──────┤
                 ↓是             │
           ◇ 发生其他缺陷？ ◇ ────┤
                 ↓               │
          ┌──────────────┐       │
          │ 开始连续生产  │ ◀─────┘
          └──────────────┘
```

确定初期条件的步骤（无不良产品的方法）：以下是确定初期条件的步骤：把握缺陷——找到缺陷发生的工序、将缺陷分为充填工序缺陷和保压工序缺陷——如果原因在于充填工序更改充填工序方案、改用短射成形方法——如果原因在于保压工序，更改保压工序方案，确定浇口密封时间——调整顶针顶出的时间、速度和压力——调整开 / 闭模速度。

短射成形方法：短射方法是检查在任何位置发生何种不良的方法。

如下图：

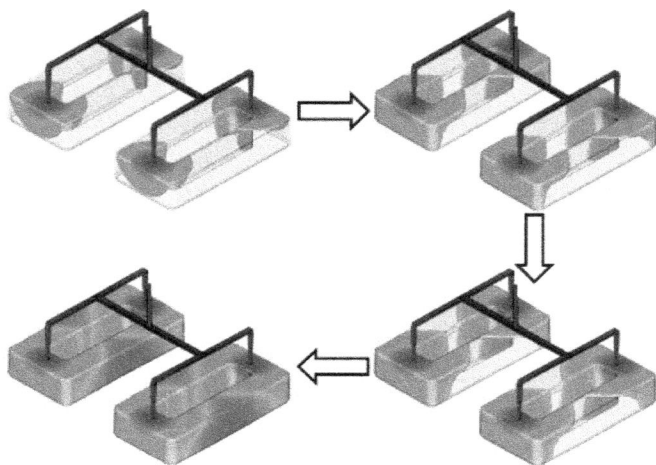

注意：如果产生短射，模具则可能会因产品而受损或无法顶出。在此情况下，无法采用短射方法检查不良。

无法使用短射成形方法的模具例子（如下图所示），短射方法不能用于模具构造采用顶针推出产品边缘方式的深度成形产品。

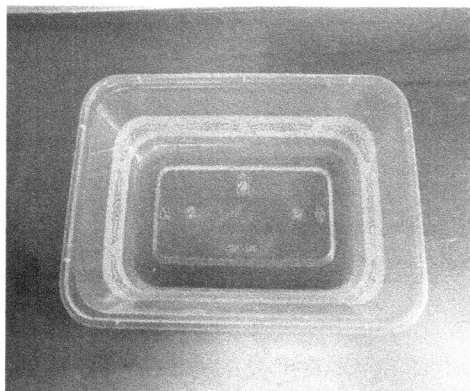

13. 注塑机的开机步骤

调好开关模——调好顶出试好射出动作——试好模温——清洗干净螺杆——清洗干净模面——升到想要设定的模温然后调模——排料开机。如有热流道就清洗螺杆的同时打开热流道。如有冰水机要在打几模产品后在打开。清洗螺杆时要注意清洗带颜色的料时要比原来的料温高出20度左右清洗。清洗干净后在降到后续要使用的料温。在用要使用的料把洗螺杆的料排干净。

14. 注塑机的关机步骤

退出射座——把螺杆里的料排干净——公母模合上（不要上高压）温控箱关上——紧急开关关上。以上是停机30分钟以内的关机正常步骤。如特殊材料就要把料温保温到180度。如有冰水要立即关上。如彻底停机下模就要等模温降下后打防锈油。下模后彻底清洗螺杆。

第五章　注型成型工艺——模具

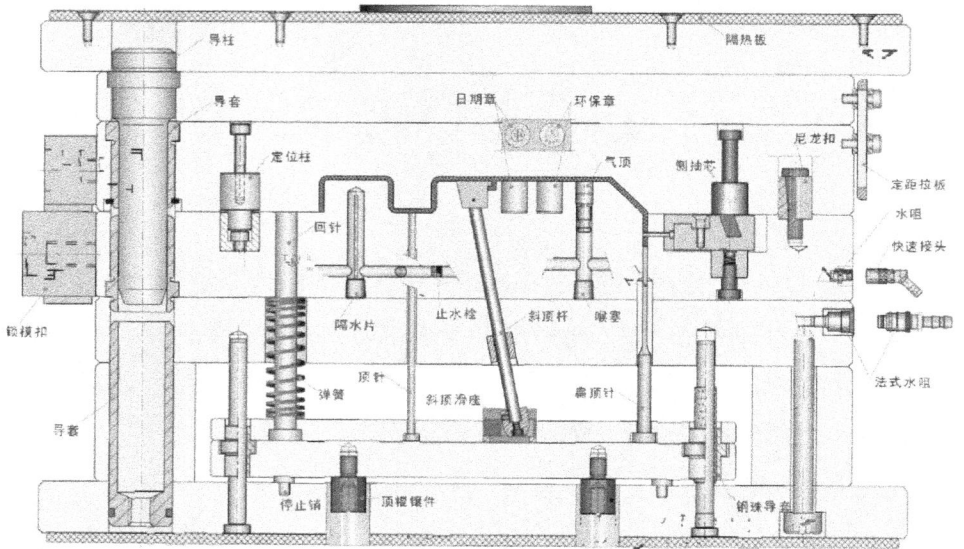

塑胶模具结构介绍

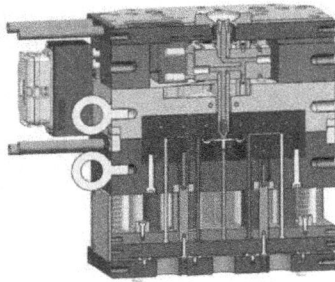

两板模

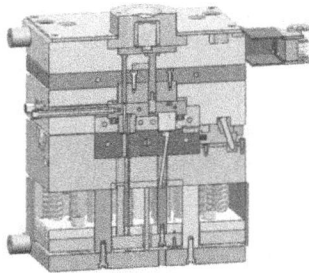

三板模

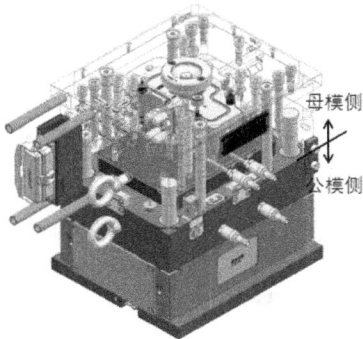

母模侧

公模侧

两板模动作原理

1.公模侧在注塑机的拉动下与母模分开。
2.注塑机顶杆推动模具顶针板顶出产品，并复位。
3.注塑机合模，将公模与母模合死。

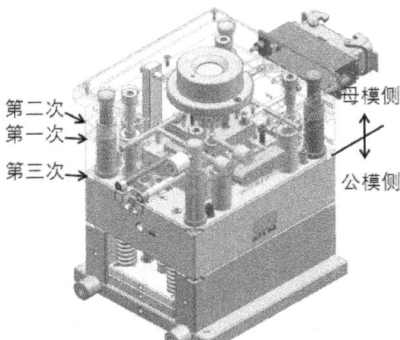

第二次
第一次
第三次

母模侧

公模侧

三板模动作原理

1.母模板随着公模板移动，母模板与拨料板第一次开模。
2.拨料板将料头带出来，第二次开模时将料头剥掉。
3.公模模板分开，顶针顶出，取出产品。

脱模斜度	产品壁厚

开模方向和分型线

壁厚不均会引起表面缩水

壁厚不均会引起气孔和熔接痕

模具钢材强度，变形　**塑胶产品设计因素**　加强筋的形状

注塑模的抽芯、滑块机构及避免　圆角

孔的形状应尽量简单，一般取圆形

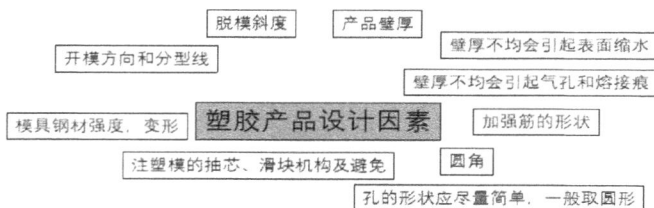

塑胶的特性：Plastic property
成品肉厚：Part thickness
纤维含量：Fiber percentage
干燥品质：Dry quality
塑料加工温度：Plastic molding temperature
塑料的剪切热：Plastic shear heat
塑料滞留时间：Plastic residence time
塑胶的收缩率：Plastic shrinkage rate

1. 设计考虑因素

薄壁塑料的考量：

Plastic　Property	塑胶的特性
Finished meat thickness	成品肉厚
Fiber content	纤维含量
Dry quality	干燥品质
Plastic processing temperature	塑料加工温度
Shear heat of plastic	塑料的剪切热
The retention time of plastic	塑料滞留时间
Shrinkage rate of plastic	塑胶的收缩率

是否要特殊钢材。钢材的选择和以下 3 点有关：（1）塑胶材料的特性，比如加玻纤的材料要考虑钢材的耐磨性能，加阻燃剂的材料和本身带腐蚀性的材料（比如 POM，PVC）钢材要考虑耐腐蚀性。（2）模具的寿命／模次，模具的寿命主要考虑模具钢材的硬度。（3）产品表面的外观要求，这个主要考虑模具钢材的蚀纹性和抛光性。

壁厚与射出性能

● 流程是由浇口至最后充填位置之间的距离。

● 流程距离取决于成品尺寸，浇口数目和位置。

● 在流程距离不变的情况下，壁厚越薄所需射出压力也越大。

壁厚与刚性

● 增加壁厚可以增强刚性

● 但是，增加壁厚同时代表增加成品重量延长周期时间和提高材料成本

● 因此应考虑利用几何设计特征(例如加强筋,曲面,槽纹)来增加成品刚性

壁厚和厚薄变化

● 在可能得情况下，最好用一致的壁厚。

● 考虑在壁厚处掏空以使壁厚均匀。

● 在壁厚改变的位置应考虑壁厚分化变薄，以免肉厚突然改变太大。

举例

错误设计　　　　正确设计

举例

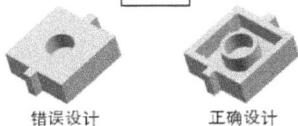

错误设计　　　　正确设计

举例

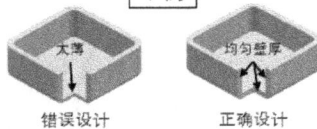

太厚　　　　均匀壁厚

错误设计　　　　正确设计

举例

错误设计　　　　正确设计

举例

壁厚

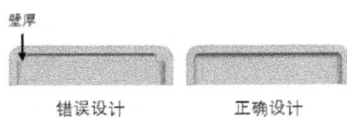

错误设计　　　　正确设计

脱模斜度

● 脱模斜度是用来方便成品的顶出。

● 脱模斜度的大小取决于：

　1.模具表面粗糙度
　2.塑胶原料
　3.成品的几何形状
　4.模具顶出系统的设计

举例

所有侧壁拔模角度至少有0.5°

转角位置

● 塑胶成品的设计中应避免尖锐的转角位置。

● 尖角会引起很大的应力集中，因此减低机械性能。

　1.转角位置应力用圆角过滤来减少应力集中

举例

所有内侧转角处增加圆角过渡

2. 流道的设计因素

流道的设计因素		
●主流道	●分流道	●浇口
长度	长度	长度
直径	直径	直径
	布局	宽度
		类型
		位置

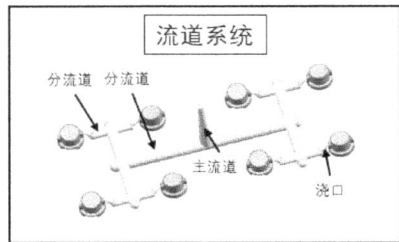

流道系统

分流道　分流道

主流道

浇口

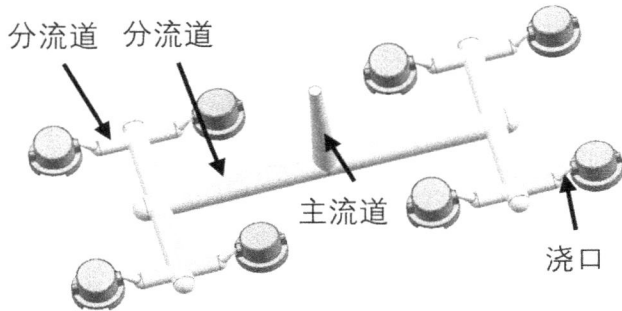

分流道　分流道

主流道

浇口

分流道设计-截面		
●避免使用	●可以使用	●建议使用

流道设计的影响

●质量要求影响

压力不能太大
剪切速度不能太高
凝固时间不能太短
流道需平衡

流道剪切速度与凝固时间

●一般来说，流道系统中最高的剪切速度和最短的凝固时间都会出现在浇口位置。
●浇口厚度(或直径)
　大约塑件厚度的2/3
●浇口宽度
　浇口越宽浇口剪切速率越低

薄壁模具设计的建议	薄壁模具设计的考量
● 成品外观细咬花 ● 较硬的钢材 ● 较大的进胶点 ● 较多的排气孔 ● 顶出面积必须大 ● 拔模角度大 ● 模具承受较高的模温 ● 顶出侧壁为光面	● 薄壁的射出需要非常好的模具，绝非最低价格，最快交期者所能胜任的。 ● 进料系统：冷流道系统的外圈必须顺滑，自射嘴至进胶点的竖流道必须够大。 ● 进胶系统：进胶点太薄塑料会在模腔冲饱前就已经冷却。 ● 进胶系统：在进胶点反向的酒窝有助于塑料的流动，较厚的酒窝亦可避免在切除进胶点后造成的破裂。 ● 多点进胶的采用可缩短塑胶的流程，但会增加结合线的数目及痕迹。 ● 排气系统：(1)排气槽尺寸尽可能小避免造成毛边；(2)排气孔越多越好；(3)真空抽取辅住；

3. 浇注系统的设计

3.1 浇注系统

是塑料溶体由注塑机喷嘴通向模具型腔的流动通道，目的是顺利的引导溶体迅速有序的充满型腔各处，获得外观优异内在优良的产品。对浇注系统设计的具体要求是：

（1）对模腔的填充迅速有序；（2）可同时充满各个型腔；（3）对热量和压力损失较小；（4）尽可能消耗较少的塑料；（5）能够使型腔顺利排气；（6）浇注道凝料容易与塑料分离或切除；（7）不会使冷料进入型腔；（8）浇口痕迹对塑料外观影响很小。

3.2 浇注系统的组成

主流道、分流道、浇口、冷料井。

3.3 主流道设计

主流道通常位于模具的入口处，其作用是将注塑机喷嘴注出的塑料熔体导入分流道或型腔。其形状为圆锥形，以便于塑料熔体的流动及流道凝料的拔出。热塑性塑料注塑成型用的主流道，由于要与高温塑料及喷嘴反复接触，所以主流道通常设计成可拆卸的主流道衬套。定位环和浇口套的装配图如下：

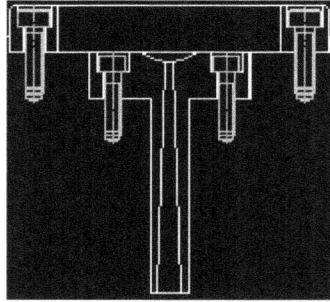

3.4 浇口设计

浇口是连接分流道和型腔之间的一段细短流道，除直接浇口外（下图），是塑料熔体进入型腔的入口。它是浇注系统的关键部分。浇口的形状、数量、位置及尺寸对塑件的成型性能及成型质量影响很大。合理选择浇口的位置是提高塑件质量的重要环节，浇口位置不同，也将直接影响模具的结构。浇口的剪切速率计算公式有以下两种：（1）圆形浇口的剪切速率 $=4Q \div \pi r^3$。其中 $Q=$ 螺杆截面积 $\times$ 射出行程 $\div$ 充填时间 $\div$ 浇口数量 .（2）长方形浇口的剪切速率 $=6Q \div wt^2$。其中 w 为浇口宽度，t 为浇口厚度，一般材料的极限剪切速率最好不要超过 50000（s-1）。腐蚀和阻燃的材料最好不要超过 30000（s-1）。

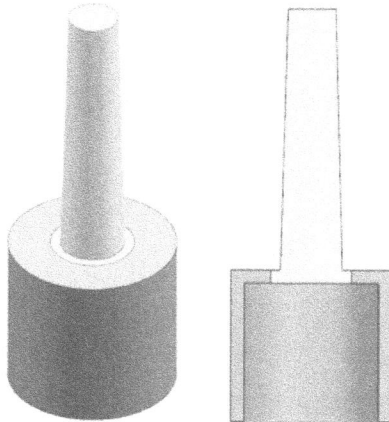

4. 分型面的设计

4.1 分型面选择原则

（1）分型面是动、定模具的分界面，即打开模具取出塑件或取出浇注系统凝料的面。分型面的位置影响着成型零部件的结构形状，型腔的排气情况也与分型面的设计密切相关。

（2）分型面的分类及选择原则

①分型的分类：实际的模具结构基本上有三种情况：

a. 型腔完全在动模一侧；b. 型腔完全在定模一侧；c. 型腔各有一部分在动定模中。

②分型面的选择不仅关系到塑件正常成型和脱模，而且关系到设计模具结构和制造成本。一般来说，分型面的总体选择原则有以下几条：

a. 脱出塑件方便；b. 模具结构简单；c. 型腔排气顺利；d. 确保塑胶质量；e. 无损塑件外观；f. 合理利用设备。

5. 温度调节对塑件质量的影响

1. 模温的作用

（1）增加塑胶在模腔内的流动速度；

（2）冷却模具，提高周期；

（3）对塑胶产品的外观和品质有很好的改善；尺寸稳定，机械强度高，耐应力开裂性好和表面质量好；

（4）减少因模具长时间工作或肉厚的地方脱模时变形。

2. 对温度调节系统的要求

（1）根据选用的塑料品种，确定温度调节系统是采用冷却方式还是加热方式；

（2）模温要均匀，塑件各部分同时冷却，以提高生产率和塑件质量；

（3）快速、大流量通水冷却一般效果比较好；

（4）温度调节系统要尽量做到结构简单，加工容易。

6. 模具冷却装置的设计

模具冷却：模具本质上是一个传热单元。高温塑料熔体注射进低温的模具型腔，冷却后被顶出模具。只有模具温度设置得比熔体温度低才能使熔体冷却到塑料的顶出温度。模具温度对传热速率有着决定性的影响，在注塑过程中尤为重要。科学注塑的目标是实现以下三种一致性：模次之间的一致性、批次之间的一致性以及型腔之间的一致性，而稳定的热传导过程对实现这个目标非常关键。熔体和模具之间的传热速率与二者的温差成正比。在注塑生产中，如果熔体温度和模具温度自始至终保持不变，那么传热速率在模次之间也将保持不变。在注塑机上，熔体温度一般通过料筒的温度设定来实现，通常不是产生差异的主要原因。通过设置实际料筒温度警报来监测温度波动甚至超限，是个值得推荐的方法。在型腔里安装温度传感器尽管还不流行，但它却是衡量熔体温度是否稳定的一条有效途径。

维持模具温度稳定比维持熔体温度稳定更具挑战性，这也是模具设计的关键所在。冷却循环通道的设计应有助于高效传热，冷却液的选择也应细加考量。我们使用"冷却"这个词，是因为在热塑性塑料成型过程中，模具温度一定是低于熔体温度。如聚酰亚胺类的材料，熔体加工温度可高达400℃，而模具温度需要到162℃。接下来将讨论关于模具冷却通道设计的几个重要因素。

冷却通道的数量：熔体与模具型腔间的均匀传热将有利于整个产品的均匀降温，这样产品各处会收缩一致，翘曲或内应力也将随之消除。最理想的状态是型腔中每个位置的温度都能保持一致，冷却液能流经型腔的每个角落。因此，应设法围绕产品尽可能多地布置冷却通道。然而随着冷却通道数量的增加，模具发生破损和强度下降的风险也会增加。模具钢材要经受注射产生的高压。另顶针、型芯镶件或其他模具零件的布置也会使模板强度下降。要在不干涉冷却通道运行的前提下合理布局这些所需的模具零件绝非易事。如果通道数量不足，传热不充分，就会导致冷却不均匀，产生高温或低温点。时间一长，整个模具温度就会升高，传热速率和产品质量也会随之产生波动。因此我们需要在模具结构完整和冷却充分之间找到平衡。另外一个因素是包括连接模温机软管在内的冷却液通道总长度。流动距离长，压降就大，流速和传热效率也会随之降低。由于每个产品的表面积、厚度及其在模具里的排布位置等都不一样，所以没有专用的公式能够测算出所需的冷却通道数量。但注塑中模具和产品的温度可以用计算机程序进行预测，条件允许时应尽可能加以利用。近几年时间，所谓的随形冷却日益流行，其冷却通道围绕产品表面轮廓分布这个方法可以有效地实现均衡冷却，但是成本较高。

冷却液流动的雷诺数：雷诺数是用来判断冷却液流动形态是层流、过渡流还是紊流（又称湍流）的重要指标。为了获得最佳的热传递效果，冷却液流动形态必须是紊流，而不应是层流。层流中的冷却液分层流动。当冷却液流经模具并开始从型腔吸收热量时，靠近钢材的冷却液表层温度升高。由于传热速率与型芯和冷却液之间的温度差成正比，冷却液表层温度的升高会导致传热速率的下降，传热速率的变化反过来又会引起产品质量变化并影响产品的一致性。紊流中的冷却液分子流动不分层，而是在水道中持续交错流动，不断吸收模具型腔上的热量，并均匀地传递到冷却液中。这将有利于保持冷却液温度，从而保持稳定的传热速率。下图显示了层流和紊流之间的区别。如果紊流中冷却液的温度仍缓慢上升，这表明还有多余的热量需要带走。此时需要进一步增加通道直径或通道数量。通道直径的增加必定会带来流量的增加。雷诺数 Re 大于4000 时的水流可以确认为紊流（有些文章建议的紊流雷诺数约为 3500）。

下图公式给出了雷诺数 Re 的计算公式：Re=Pvd/u　p 是冷却液的密度；V是冷却液的流速；D 是管道直径；u 是冷却液的动态和黏度。

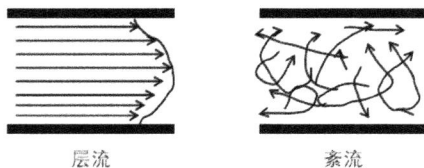

层流   紊流

层流和紊流

冷却通道的连接方式：随着模具上冷却通道数量的增加，集水块上的接水口数量可能不足。这时可以将模具的一些通道部分串接或并接，再连接到集水块的一条单独通道上去。如下所示的两种通道连接方式，各有优劣。关键要确保通道里的冷却液是紊流。

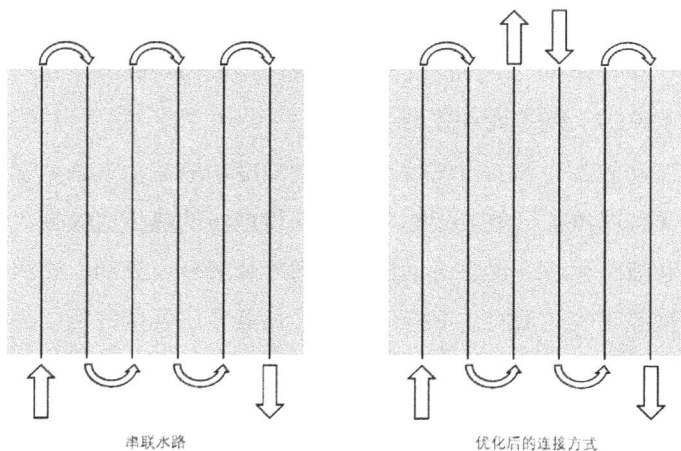

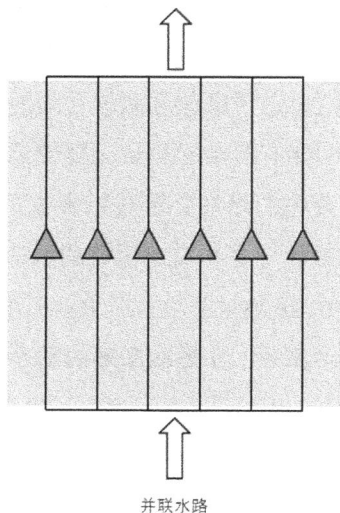

串联水路

优化后的连接方式

并联水路

冷却液在并联通道中的压降小、流速快，因此出现层流的风险较小。然而由于冷却液总会选择阻力最小的路径流动，因此通道中的任何堵塞都会引起冷却液局部流量不足，从而造成各通道间流量不均。如果不接入流量计，要想观察各通道的流量是否均衡很困难。而在串联通道中，利用流量计可以轻松找到水流受限或者堵塞的位置。当注塑产品突然出现整体质量问题时，有可能就是通道不畅造成的。串联通道一旦过长，便会出现较大压降。

冷却装置的设计要点：

a. 冷却水孔的数量愈多，对塑件的冷却也就愈均匀；

b. 水孔与型腔表面各处最好有相同的距离，即水孔的排列与型腔形状相吻合；

c. 塑件局部壁厚处，应加强冷却；

d. 对热量积聚大，温度上升高的部位应加强冷却；

e. 当成型大型塑件或薄壁制品时，料流程较长，而料温愈流愈低，为在整个塑件上尽可能有相同的冷却速度，可以适当改变冷却水道的排布密度，在料流末端冷却水道可以排列的稀一些；

f. 冷却水道要避免接近塑件的熔接痕部位，以免熔接不牢，降低塑件强度；

g. 冷却装置的形式应根据模具的几何形状而定。

h. 便于加工清理。

浅谈随形水路加工的两种工艺优缺点：

（1）3D打印模具随形水路的优点

①提高冷却效率：随形水路能够根据模具形状和热量分布特点进行个性化设计，减少冷却盲区，确保模具各部分均匀且快速冷却，有效缩短生产周期，提高生产效率。

②优化产品质量：均匀的冷却可以减少因温度不均导致的翘曲、变形等问题，显著提升注塑件、压铸件等产品的尺寸精度和表面质量，提高成品率。

③降低能耗：由于冷却效率的提升，模具能够在短的时间内达到工作温度并保持稳定，从而减少预热时间和能源消耗。

④设计自由度大：3D打印技术允许几乎无限制的复杂结构制造，随形水

路能够灵活适应各种复杂模具形状，无需传统制造中繁琐的模具加工和组装过程，也可同时打印透气钢部分，兼顾水路和排气。

⑤缩短模具开发周期：从设计到制造，随形水路大大简化了模具开发的流程，减少了原型试制次数，加速了产品上市时间。

⑥增强模具耐用性：通过精确控制水路位置，可以减少模具内部的应力集中点，降低因热应力引起的裂纹风险，延长模具使用寿命。

（2）3D打印模具随形水路的缺点

①成本较高：目前高端3D打印设备及材料的成本仍相对较高，导致随形水路的模具制造成本较传统方式有所增加。

②技术门槛高：随形水路设计需要深厚的专业知识和先进的软件支持，同时制造过程中也需要高技能的操作人员和严格的质量控制体系。

③材料限制：虽然材料科学不断进步，但并非所有材料都适用于3D打印随形水路模具，尤其是需要承受高玻纤、高腐蚀、高外观要求的注塑模具材料选择较为有限。

④维护和修理难度大：一旦随形水路模具出现损坏，由于其结构的复杂性，维修或更换部件可能较为困难，成本也可能较高。所以最好用加纯水的模温机或者加有模具流量监视器的模温机。

⑤标准化和通用性不足：由于每套随形水路模具都是根据具体需求定制，因此难以实现大规模的标准化和通用化生产。

（3）结论

3D打印模具随形水路技术以其提高冷却效率、优化产品质量、降低能耗等显著优势，在模具制造领域展现出巨大的潜力和应用前景。然而，其高成本、技术门槛高、材料限制等缺点也不容忽视。未来，随着技术的不断进步和成本的逐步降低，随形水路技术有望得到更广泛的应用，推动模具制造业向更高效、更智能的方向发展。

扩散焊工艺在模具随形水路制作中的优缺点分析：

（1）扩散焊工艺在模具随形水路制作中的优点

①高质量冶金结合：扩散焊通过原子间的相互扩散实现连接，避免了传统焊接方法可能产生的熔合区、热影响区及焊接缺陷，确保了水路连接处的高强

度和高密封性。对模具钢基材没有过多的限制，可以同时满足高玻纤、高腐蚀、高外观的要求。

②设计灵活性：扩散焊工艺允许复杂的随形水路设计，能够紧密贴合模具型腔形状，实现精准冷却，提高冷却效率，这对于大型、复杂结构的模具尤为重要。

③减少材料浪费：相较于传统的机械加工方法，扩散焊可以在不增加模具主体材料厚度的情况下，实现内部水路的精确构建，从而节省材料成本。

④延长模具寿命：由于扩散焊形成的接头强度高、耐腐蚀性好，能够有效防止水路渗漏，避免因冷却水侵蚀导致的模具损坏，延长模具使用寿命。

⑤提升生产效率：随着扩散焊技术的进步和自动化设备的引入，扩散焊工艺在模具制造中的应用越来越高效，能够缩短生产周期，提高生产效率。

（2）扩散焊工艺在模具随形水路制作中的缺点

①工艺成本高：扩散焊设备复杂，操作要求精度高，且对材料的匹配性有严格要求，这导致了扩散焊工艺的成本相对较高，对于中小型企业来说可能存在一定的经济压力。

②工艺周期长：扩散焊过程需要在高温下长时间保温，以确保原子间充分扩散，达到良好的冶金结合效果，这增加了整个工艺流程的时间成本。

③后期检测难度大：由于扩散焊形成的接头位于模具内部，且连接质量高度依赖于工艺参数和材料性能，因此后期的无损检测难度较大，需要采用特殊的检测手段。

④技术门槛高：扩散焊工艺的技术要求较高，需要操作人员具备丰富的专业知识和实践经验，以确保焊接质量的稳定性和可靠性。

⑤维护和修理难度大：和3D打印随形水路一样，一旦水路出现损坏和堵塞，维修可能较为困难，成本也较高。所以最好用加纯水的模温机或者加有模具流量监视器的模温机。

（3）结论

综上所述，扩散焊工艺在模具随形水路制作中展现出了显著的优势，包括高质量的冶金结合、设计灵活性、减少材料浪费、延长模具寿命以及提升生产效率等。然而，其工艺成本高、周期长等缺点也要考虑。因此在实际应用中，需要根据具体项目需求、成本控制及技术条件等因素综合考量。

模具水路可能影响的方面：①产品品质——②表面光洁度——③残余应力——④结晶度——⑤热变形——⑥生产成本——⑦顶出温度——⑧循环时间

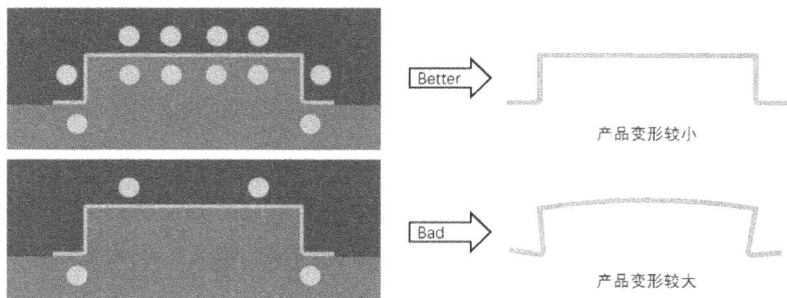

7. 模具排气设计的意义

（1）模具内的气体来源

①型腔和浇注系统中存在空气；

②塑料原料中含有水分，在高温高压下蒸发产生的气体；

③塑料分解产生的气体；

④塑料中某些添加剂挥发或化学反应生成的气体；

⑤脱模剂挥发产生的气体。

（2）模具排气不良产生缺陷

①阻碍塑料熔体正常快速充模；

②气体压缩所产生的热量可能使塑料烧焦；

③在充填速度快、温度高、物料粘度低、注塑压力大和塑料壁厚过大的情况下，气体会侵入塑件内部，造成气孔组织疏松等缺陷。下图是排气不良可能影响产品品质的问题。

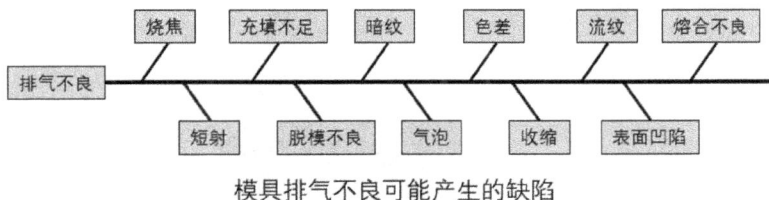

模具排气不良可能产生的缺陷

排气：为了让塑料填满型腔，需要把型腔中的空气排净。未排出的空气承压后会骤然升温，在注射产品上引发柴油机效应，导致塑料烧焦或局部填充不满形成短射，因此要在模具上加工排气槽。如果没有排气槽，模具中注射末端区域存在受压缩的空气，时间一长型腔钢材就会发生破损。下图1显示了在增加排气槽前后，烧焦痕从有到无的情形。图2显示了一段筋条，由于没有设置排气槽出现短射的现象。如果模具排气不良，会在型腔内积聚较大压力，撑开模具分型面，引起产品飞边。有些注塑机设有"模具呼吸"选项，允许模具在补缩和保压阶段开始前微微打开，排出空气后才进行锁模。|

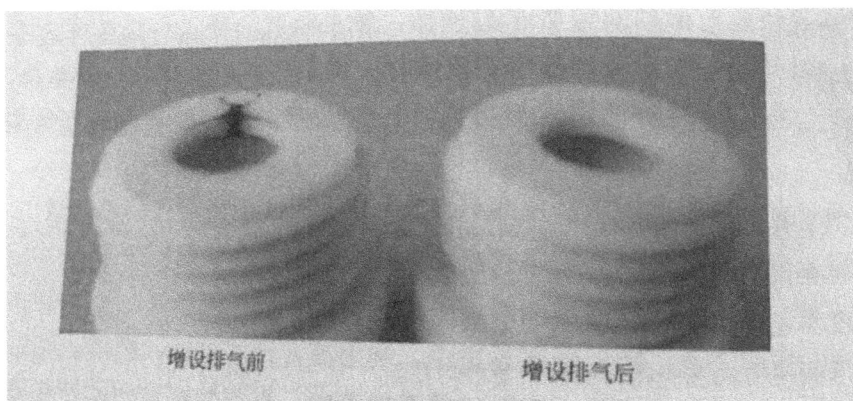

图1 增设排气以消除烧焦痕

图2 缺乏排气造成填充不足

8. 排气系统设计

（1）排气槽设计要点

①排气槽应尽量设在分型面的凹槽一边，以便于模具制造与清理。

②尽量设在料流末端和塑件壁厚较大的部位。

③排气方向不应朝向操作人员，并应加工成曲线或折弯形状，以防气体喷射时烫伤工人。

④排气槽宽度常取 1.5 ～ 6mm，槽深 0.02 ～ 0.05mm，以塑料不进入排气槽为宜。

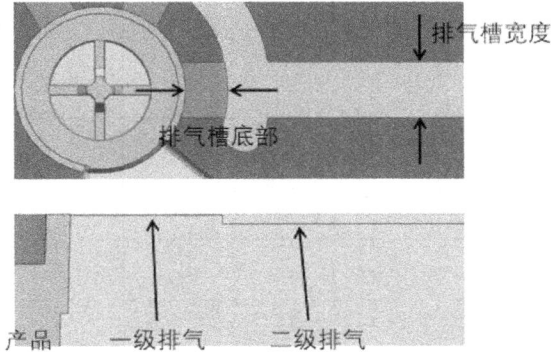

模具排气槽的剖面详图

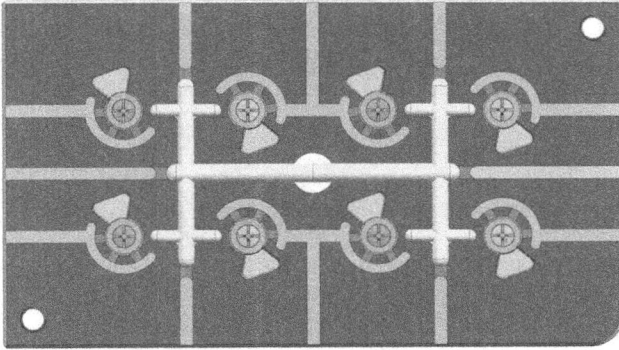

模具分型面上可以开设排气槽的位置

9. 塑料的溢边值与排气间隙

（1）排气通道应保证气体顺利溢出，塑料熔体不能流出。

塑胶材料的溢边值可分为如下三种：

◆ 低粘度材料不产生溢料的间隙为：0.01 ～ 0.03mm。

◆ 中等粘度材料不产生溢料间隙为：0.03 ～ 0.05mm。

◆ 高粘度材料不产生溢料的间隙为：0.05 ～ 0.08mm。

常用材料的模具排气间隙如下：

序号	材料	排气间隙
1	PE	0.015mm
2	PA	0.01mm
3	PP	0.015mm
4	PS	0.015mm
5	PC	0.01-0.025mm
6	POM	0.01-0.025mm
7	PET	0.01-0.03mm
8	ABS	0.025mm

（2）抽真空排气

这种方式要求模具的分型面吻合要好，通过气孔将模腔内气体抽净。但需配备抽真空装置，增加模具成本，一般情况下不用。

模具真空排气的排布方案

（3）利用间隙排气

①镶拼零件的配合面间隙，如型腔、型芯镶块。

②侧向抽芯零件间隙。

③顶出零件配合间隙（推杆、顶块）。

④分型面间隙（粗糙度一般）。利用间隙排气时，使用时间长了，间隙可能堵塞，应定期清理，保持畅通。

（4）利用多孔金属排气

透气钢一种内部具有均匀相互联通的孔隙结构金属材料 - 多孔金属，对模具型腔排气具有很好的效果。当型腔某部位排气困难时，可选用多孔金属材料制作型腔镶块，排气效果十分明显。模具使用时应注意维护与清理，保持气孔通畅。但是传统透气钢硬度低，加工方面受限只能电加工。

近年来发展的多孔烧结金属（3D 打印透气钢或扩散焊透气钢），孔隙体积分布率在 20% 至 30% 之间，这些孔隙相互连通（也可定向连通），平均直径为 7 微米或 20 微米，均匀分散在材料中，强度也能做到模仁材质一样的硬度，加工上也可机加工（注意磨床加工时要压缩空气一直吹着），可广泛应用与困气包气的部位。其结构模型如图所示：

样品由深圳智拓公司提供

10. 热流道介绍

热流道系统为产品的进胶方式提供广阔的选择，能适用于从通用树脂到工程树脂，浇口直径在 $\phi 0.5 \sim \phi 10.0$ 的范围内任意选择，适用各种小型模具和超大型模具。

优点

1.节省主流道	降低成本
2.没有废料	降低人工
3.缩短注塑周期	产量上升
4.节省粉碎物料设备	品质稳定
5.能调整每腔之间的温度	模具寿命延长

11. 浅析注塑模中热流道的优点

　　热流道是一种采用加热的方法使处于注塑机喷嘴到模具型腔浇口间整个流道中的塑料一直处于熔融状态，从而在完成注射后只需取出产品而不产生流道凝料的先进浇注系统，塑料熔体需流经主喷嘴、热流道板、分喷嘴，最终才能到达模具型腔。随着塑料原材料性能的不断提高，塑胶模具在模具中所占的比例日趋增大，已被广泛应用于国民经济各部门和日常生活中，而热流道模具以其独到的优势也得到了越来越广泛的应用。

　　（1）缩短制件成型周期。由于没有料耙或很小的料耙（整个冷流道进胶系统产生的废料），所以塑件的冷却时间和模具的开模行程缩短，从而可以缩短成型周期。

　　（2）提高产品质量，减少废品率。在热流道模具成型过程中，塑料熔体温度在流道系统内得到准确控制，塑料以更为均匀的状态流入各模腔，从而可以得到高品质的零件，而且用热流道成型的产品浇口质量好，脱模后残余应力低，零件变形小，市场上很多高质量的产品均采用热流道模具生产，如手机、打印机、笔记本电脑中的许多零件都没有太多的废料，这对于高价格塑料原料的应用来说，意义尤其重大。

　　（3）消除后续工序，有利于生产自动化。制件经热流道模具成型后即为成品，无需修剪浇口及回收加工浇道凝料等工序，有利于生产自动化，大幅度提高生产效率。

（4）扩大注塑成型工艺应用范围。随着热流道技术的完善和发展，目前热流道模具不仅可以用于成型熔融温度范围较宽的塑料，如聚乙烯、聚丙烯等，也可用于成型加工温度范围较窄的热敏性塑料，而且在流道技术基础上发展起来许多先进的塑料成型工艺，如多色共注、多种材料共注工艺，叠层模具等。

12. 浅析注塑模中热流道的缺点

（1）结构复杂。由于电加热器排布不均时容易产生局部过热，易将树脂烧焦而造成产品报废，因而必须对热流道进行分区多点加热及控温，这就导致模具结构的复杂化。

（2）模具费用高。由于采用分区加热，多点控温，使得控温装置费用提高，从而增加模具生产成本。

（3）检修复杂。由于温度控制不良等因素加热装置极易被烧损，增加了检修项目，而且每次检修往往都要将模具从注塑机上卸下来，拆模后进行检修，从而增加了生产上的辅助工时，使生产率降低。

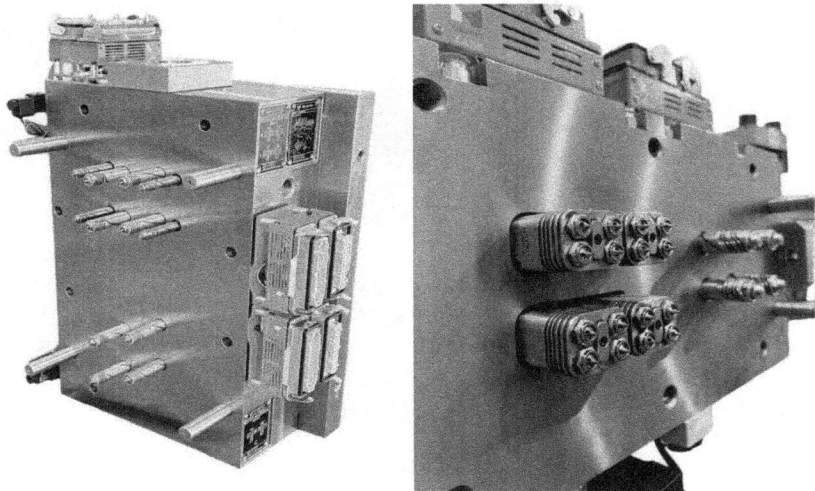

以上图片由深圳米高公司提供

14. 塑胶模的各种进胶方式优缺点分析

（1）直接进胶

优点：①压力损失小；②制作简单。

缺点：①浇口附近应力较大；②需人工剪除浇口（流道）；③表面会留下明显浇口痕迹。

应用：①可用于大而深的桶形胶件，对于浅平的胶件，由于收缩及应力的原因，容易产生翘曲变形。②对于外观不允许浇口痕迹的胶件，可将浇口设于胶件内表面。

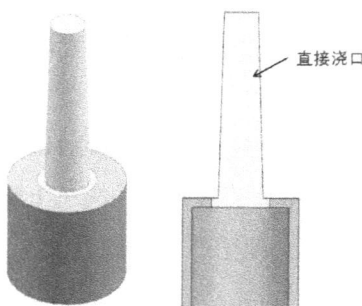

直接浇口

（2）侧浇口

优点：①形状简单，加工方便；②去处浇口较容易。

缺点：①胶件与浇口不能自行分离；②胶件易留下浇口痕迹。

参数：

①浇口宽度 W 为（1.5 ~ 5.0）mm，一般取 W=2H。大胶件、透明胶件可酌情加大；

②深度 H 为（0.5 ~ 1.5）mm。具体来说，对于常见的 ABS、HIPS，常取 H=（0.4 ~ 0.6）d，其中 d 为胶件基本壁厚；对于流动性能较差的 PC、PMMA，取 H=（0.6 ~ 0.8）d；对于 POM、PA 来说，这些材料流道性能好，但凝固速率也很快，收缩率较大，为了保证胶件获得充分的保压，防止出现缩

痕、皱纹等缺陷，建议浇口深度 H=（0.6～0.8）d；对于 PE、PP 等材料来说，且小浇口有利于熔体剪切变稀而降低粘度，浇口深度 H=（0.4～0.5）d。

侧浇口

（3）搭接式浇口

应用：适用于各种形状的胶件，但对于细而长的桶形胶件不宜采用。

搭接式浇口优点：①它是侧浇口的演变形式，具有侧浇口的各种优点；②是典型的冲击型浇口，可有效地防止塑料熔体的喷射流动。

缺点：①不能实现浇口和胶件的自行分离；②容易留下明显的浇口疤痕。

参数：可参照侧浇口的参数来选用。

应用：适用于有表面质量要求的平板形胶件

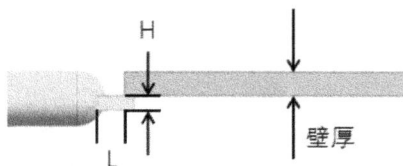

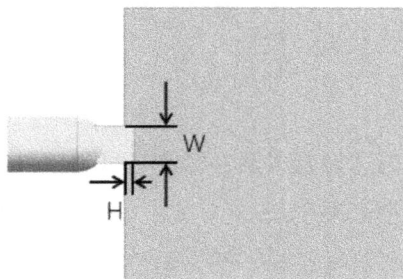

搭接浇口

（4）扇形浇口

优点：①熔融塑料流经浇口时，在横向得到更加均匀的分配，降低胶件应力；②减少空气进入型腔的可能，避免产生银丝、气泡等缺陷。

缺点：①浇口与胶件不能自行分离；②胶件边缘有较长的浇口痕迹，须用工具才能将浇口加工平整。

参数：

①常用尺寸深 H 为（0.25 ~ 1.60）mm。

②宽 W 为 4.00mm 至浇口侧型腔宽度的 1/4。

③浇口的横断面积不应大与分流道的横断面积。

应用：常用来成型宽度较大的薄片状胶件，流动性能较差的、透明胶件。比如 PC、PMMA 等。

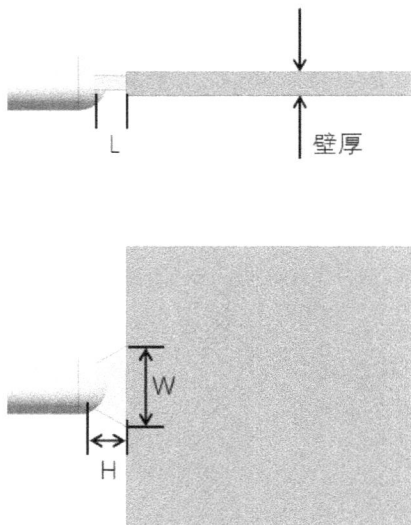

（5）潜伏式浇口

优点：①浇口位置的选择较灵活；②浇口可与胶件自行分离；③浇口痕迹小；④两板模、三板模都可采用。

缺点：①浇口位置容易拖胶粉；②入水位置容易产生喷印；③需人工剪除胶片（如潜到顶针上）；④从浇口位置到型腔压力损失较大，浇口入子薄的话易崩模。

参数：

①浇口直径 d 为 0.8 ～ 1.5mm

②进胶方向与垂直方向的夹角 a 为 30° ～ 60° 之间，

③锥度 b 为 15° ～ 25° 之间。

④与前模型腔的距离 A 为（1.5 ～ 3.0）mm。

应用：适用于外观不允许露出浇口痕迹的胶件。对于一模多腔的胶件，应保证各腔从浇口到型腔的阻力尽可能相近，避免出现滞流，以获得较好的流动平衡。

潜伏式浇口：潜前后模骨位、侧壁，潜顶针

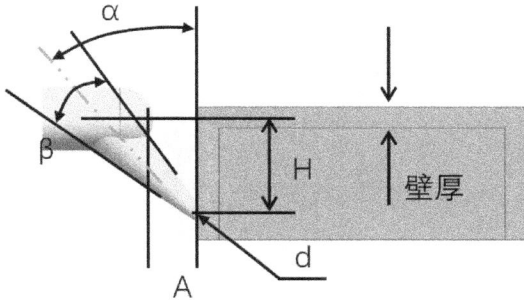

（5）弧形浇口

优点：

①浇口和胶件可自动分离；

②无需对浇口位置进行另外处理；

缺点：

①可能在表面出现喷印；

②模具加工较复杂；

③设计不合理容易折断而堵塞浇口。

参数：

①浇口入水端直径 d 为（Φ0.8 ～ Φ1.2）mm，长（1.0 ～ 1.2）mm；

② A 值为 2.5D 左右。

应用：常用于 ABS、HIPS。不适用于 POM、PMMA 等材料，也不适用于刚性太好的材料（例如加玻纤的材料），主要问题是弧形流道被折断而堵塞浇口。

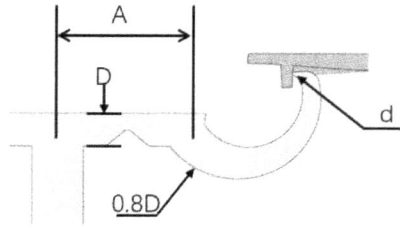

（7）针点浇口

优点：

①浇口位置选择自由度大；

②浇口能与胶件自行分离；

③浇口痕迹小。

缺点：

①注射压力较大，

②一般须采用三板模结构，结构较复杂。

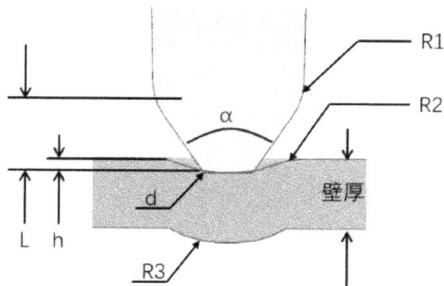

参数：

①浇口直径 d 一般为（0.8～1.5）mm，

②浇口长度 L 为（0.8～1.2）mm。

③为了便于浇口齐根拉断，应该给浇口做一锥度 a，大小 60°～75°左右；浇口与流道相接处圆弧 R1 连接，R2（1.5～2.0）mm，R3 为（2.5～3.0）mm，深度 h=（0.6～0.8）mm。

应用：常应用于较大的面、底壳，合理地分配浇口有助于减少流动路径的长度，获得较理想的熔接痕分布；也可用于长桶形的胶件，以改善排气。

15. 塑胶模具开模流程

（1）塑胶模具模流分析

充填分析

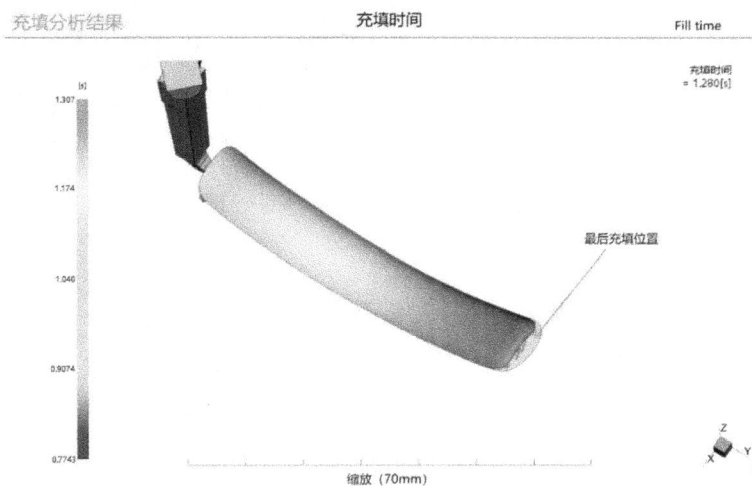

充填分析结果　　　　　　充填时间　　　　　　Fill time

充填时间
= 1.280[s]

最后充填位置

缩放（70mm）

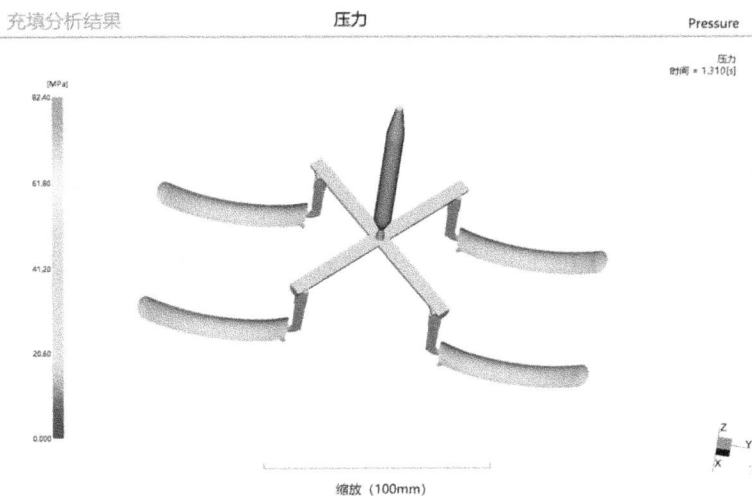

充填分析结果　　　　　　压力　　　　　　Pressure

压力
时间 = 1.310[s]

缩放（100mm）

流动波前温度

流动前沿温度
= 253.6[C]

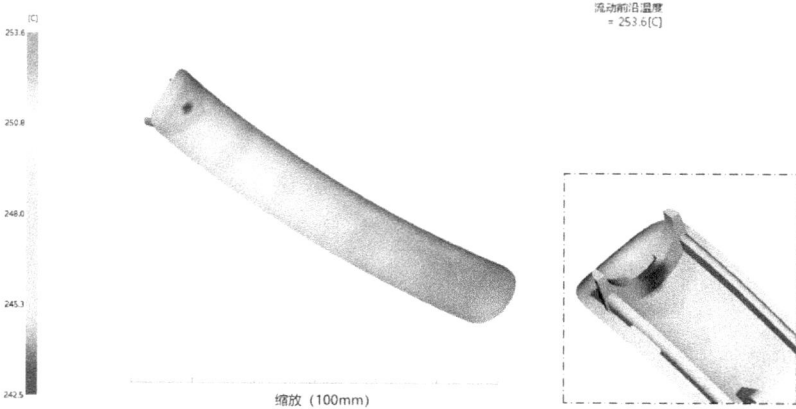

[C]
253.6

250.8

248.0

245.3

242.5

缩放（100mm）

波前温度范围：242.5~253.6℃，大部分温度分布比较均匀，
由于剪切速率温度最低点在浇口处，如图所示。

包风情况

气穴
时间 = 1.310[s]

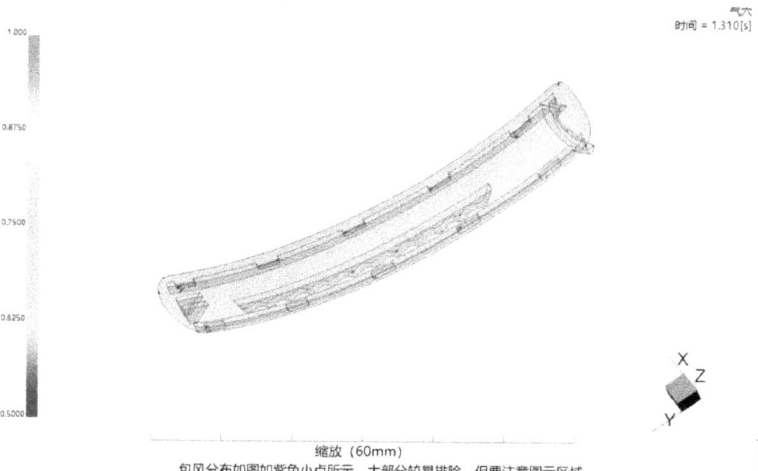

1.000

0.8750

0.7500

0.6250

0.5000

缩放（60mm）

包风分布如图如紫色小点所示，大部分较易排除，但要注意图示区域
的排气（塑胶交汇区域易产生包风情况，要增强排气）。

充填分析结果 　　　　　　缝合线分布 　　　　　　Weld lines

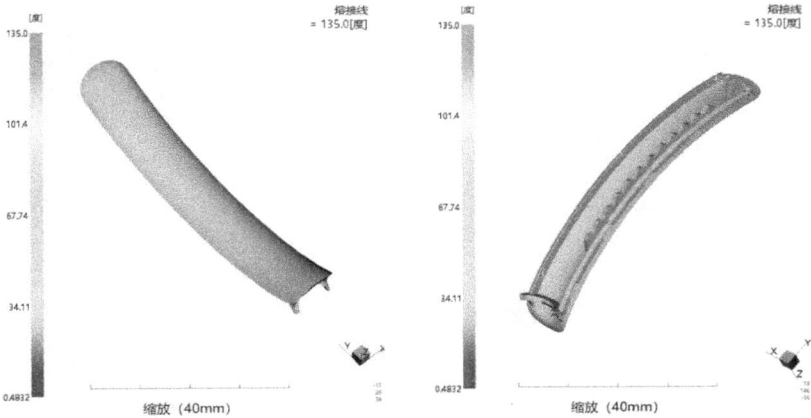

表示产品主要的缝合线位置，可能影响产品的外观和结构强度。

目的：

①预知塑料流动状况，充填的时间及压力。

②预知是否有短射。

③预知最后充填处。

④预知结合线及包风位置。

保压分析

保压分析结果 　　　　　　冻结层因子 　　　　　　Frozen layer fraction time

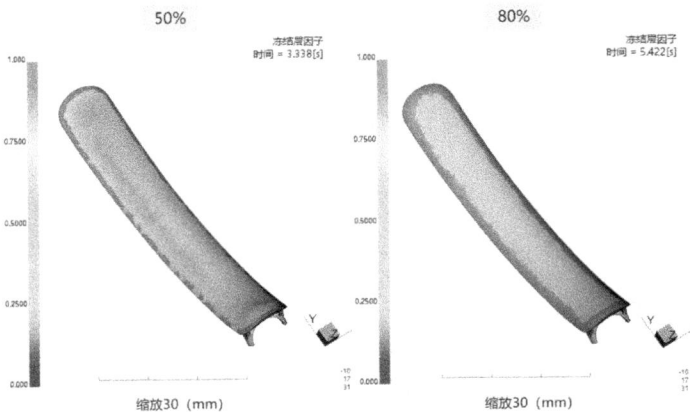

从冻结趋势来看，在壁厚薄处会最先开始冻结，过早的冻结会使产品
无法进行充分的保压，从而产生缩痕、应力痕变形翘曲等问题。

平均体积收缩率

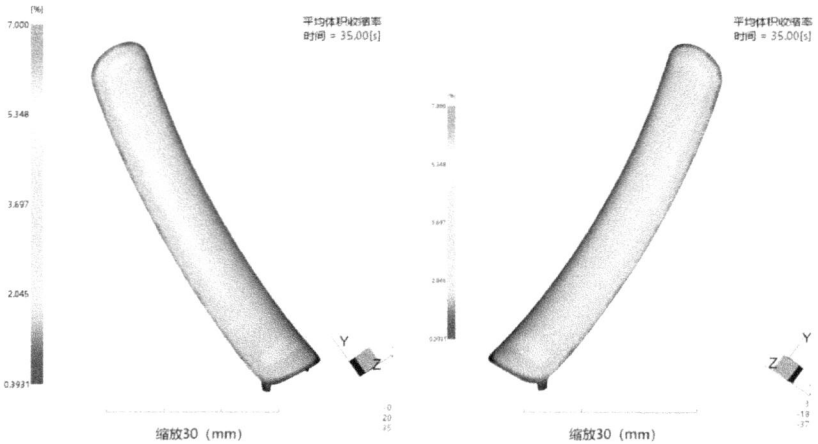

缩放30（mm）　　　缩放30（mm）

从体积收缩率来判断体积收缩是否均匀，在壁厚区域收缩较大。

缩痕估算

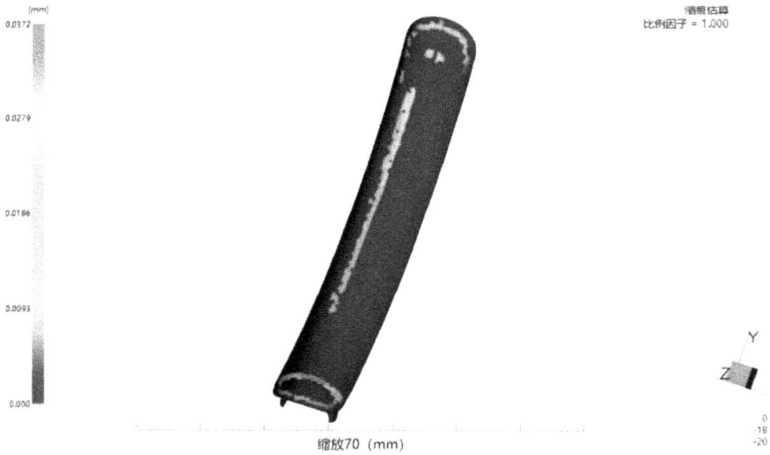

缩放70（mm）

产品凹痕如图所示，最大凹痕深度0.03mm左右，都可见凹痕，建议
将图示产生的底部筋位处做减胶处理。

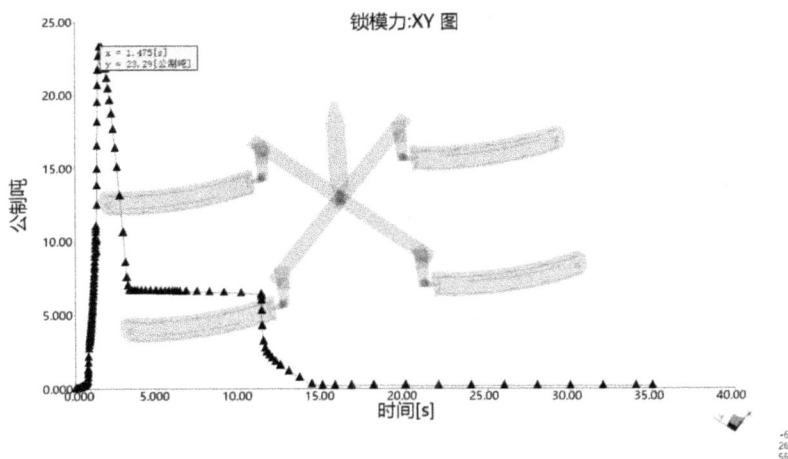

保压分析结果　　　　　　　　　　　锁模力　　　　　　　　　　Clamp force

锁模力:XY 图

目的：

①预知产品收缩状况。

②预知单位时间内锁模力状况及所需最大锁模力。

翘曲分析

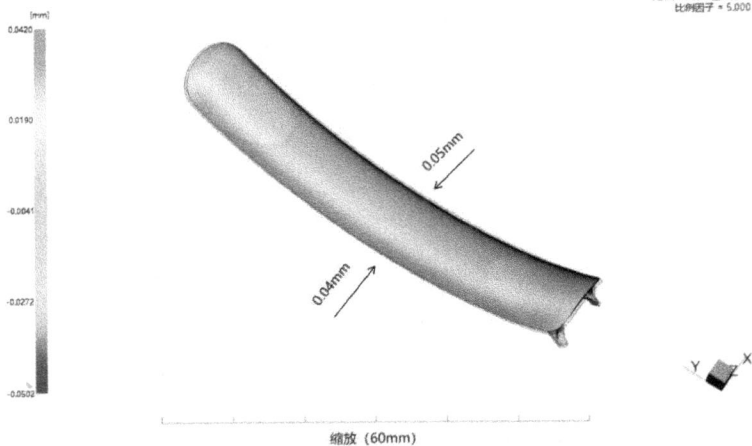

翘曲分析结果　　　　　　　　　　X方向变形　　　　　　　　　X Deflection

变形, 所有效应X方向
比例因子 = 5.000

0.05mm

0.04mm

缩放 (60mm)

箭头所指，X方向两侧向内均匀收缩，变形趋势如图所示。

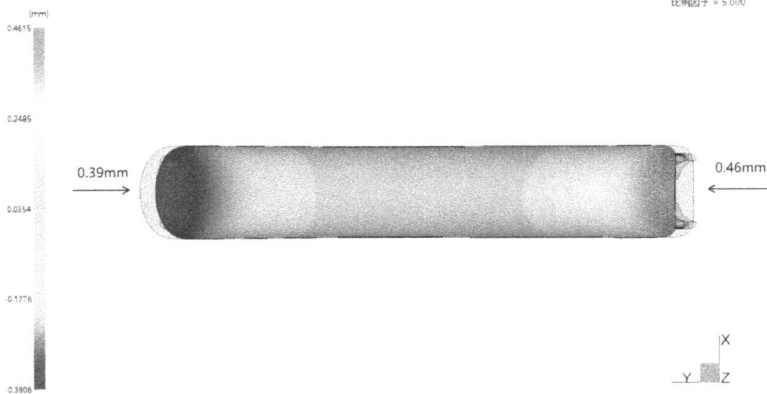

翘曲分析结果　　　　　　Y方向变形　　　　　　Y Deflection

箭头所指，Y方向两侧向内均匀收缩，变形趋势如图所示。

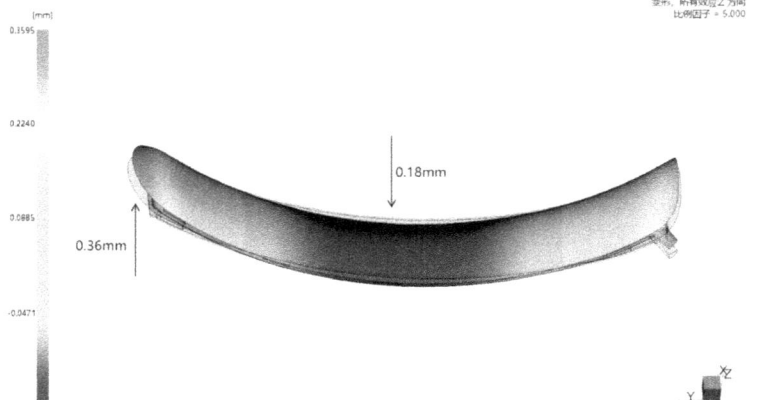

翘曲分析结果　　　　　　Z方向变形　　　　　　Z Deflection

箭头所指，Z方向蓝色区域呈内凹变形趋势，红色区域呈上翘变形趋势，如图所示。

目的：

①预知因冷却不良产生变形量（X，Y，Z方向之趋势）。

②预知因设计或制程不良产生变形量（X，Y，Z之趋势）。

模具开模前检讨这一步很重要，需要检讨的部门包括项目经理，注塑工程师，模具工程师，钳工师傅，工艺工程师，品质工程师和部门主管或项目总负责人。对照下面表单一项一项检讨最终在下面签上名字。以便各工序责任人都能知道模具相关情况。

（2）塑胶模具开模前检讨

模具设计确认表 设计师							模具 编号	
模芯部分			模架部分					
序号	内容	结果	序号	内容	结果	序号	自检 内容	检查 结果
1	浇口/排位是否 合适		1	吊环孔是否添加， 包括翻模孔				
2	模芯、滑块、 斜顶加工及 运动方向是否 倒扣		2	模具是否能安装在 适合的注塑机上？ （模具长/宽/厚， 顶出孔位置等）				
3	有无按DFM要 求设计流道系 统？流道大小 是否合适？		3	模板基准角				
4	扁顶针、带托 顶针、司筒 顶出距离是否 足够		4	中托司沉入103板 15mm以上				
5	模芯及镶件 （紧配件）工 艺螺丝		5	地侧结构伸出模板 增加垫脚				
6	大型滑块或镶 件吊环孔		6	支撑柱排布（靠近 型腔，保证顶针板 强度）				
7	斜顶防铲胶 避让0.03mm （非精密模具 0.05mm）		7	安全锁片				

8	模芯斜顶台阶拐角处CR角		8	是否选择标准模架				
9	所有零件利边倒角		9	模架是否需精定位？				
10	腔号、料号、日期章等是否已刻		10	模架材料是否有特殊要求？				
11	分型面避空、排气、流道末端排气是否已开		11	复位杆弹簧行程及预压，有其他顶出弹簧时计算弹簧力是否足够				
12	虎口是否比插穿角度小		12	倒拉块				
13	产品和料粑能否完全顶出		13	垃圾钉				
14	水路大小，数量，位置是否无优化空间		14	限位柱				
15	产品外观要求是否明确，拔摸是否足够		15	模板撬模槽				
16	是否做过干涉/运动检查		16	顶针板增加固定螺丝				
17	浇口尺寸是否与报告一致		17	防尘板				
18	斜顶、滑块运动行程是否足够		18	顶针板工艺螺丝孔				
19	浇口零件的材料选择？浇口零件是否需加镀层？		19	高温材料导套和导柱孔的间隙是否合适？				

20	模仁是否需精定位？圆和方？		20	导柱是否胶位和斜导柱高				
21	重点尺寸、CPK是否体现在图纸上		21	斜顶座固定螺丝在107上要掏孔				
22	对超高温材料，模仁是否一端固定，一端浮动，		22	是否需快换模				
23	产品材料收缩率是否估算正确		23	热流道板是否已加运水				
24	滑块是否加耐磨块或油槽		24	热流道铭牌/模具铭牌（视客户要求添加）				
25	模仁插入对侧模板是否做避空		25	模架是否需要水路				
26	产品2D图纸是否核对，对应位置图纸是否表明并留铁		26	模架强度是否足够？是否需要加支撑柱？				
27	产品结构是否容易变形，是否与客户沟通做反变形		27	模架、热流道是否添加到BOM				
28	分型面位置是否适当？是否有粘前模风险？		28	与工装、自动化的，产品或模具结构变更是否传递最新图档				
29	易损件是否增加备品		29	检查总装图是否有干涉				
30	流道是否刻产品料号		30	进出水是否标识				

31	顶针板是否增加行程开关或先复位机构			31	计数器（视客户要求添加）				
32	顶针板是否需导向装置			32	模具定位圈大小？浇口套喷嘴的大小和R角是否匹配				
33	推板结构中有无做锥面配合			33	高模温材料是否有加隔热板				
34	滑块较大时是否加铲基面垫板								
35	微小结构是否做放大处理								
36	高度方向尺寸是否由统一基准面标出								
37	模具零件材料选用是否合适？强度是否足够？								
38	精密模具及有司筒，斜顶，多顶针时是否有加中托司？								
39	核对最终产品								
评审人员签名									

模具全3D完成
设计合理性
加工合理性
组配合理性
生产合理性

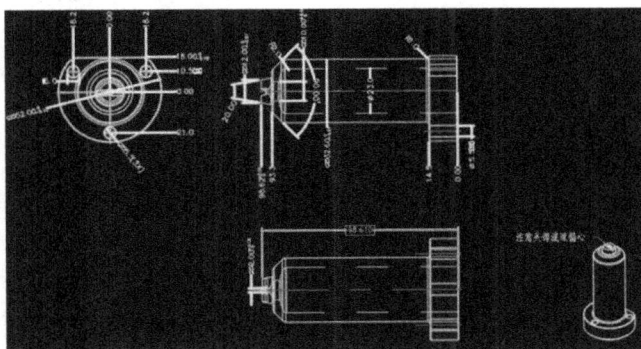

模具全2D完成
设计合理性
加工合理性
组配合理性
公差合理性
材质合理性

（3）精密模具制造的关键：七大主流加工技术

①铣削加工

铣削技术的进步是塑胶模具制造行业迅猛发展的关键因素之一。最初的普通铣床到三轴加工中心，再到如今的五轴高速铣削技术，铣削使得复杂的三维型面零件的加工成为可能。塑胶模具中的主要型腔和型面加工几乎都依赖于铣削技术。

高速铣削加工采用小径铣刀，配合高转速与小周期进给量，使得生产效率显著提高，加工精度可稳定在 5 μm 以内。由于铣削力较低，工件热变形减少，表面光洁度可达 Ra<0.15 μm。高速铣削甚至可加工硬度高达 60HRC 的淬硬模具钢件，这使得模具可以在热处理后直接进行切削加工，简化了制造工艺。

五轴加工技术在铣削中的应用，使得加工复杂曲面和多角度零件变得更加高效和精确。通过五个轴的联动，刀具可以从更多角度接触工件，减少了多次装夹和位置调整的需求，大幅提升了加工效率和表面质量。这种技术特别适用于复杂模具的制造，能够一次性完成复杂几何形状的加工，显著优化了生产流程，降低了后续处理的工作量。

全球领先的铣削设备制造商包括瑞士 GF 加工方案（米克朗）、日本牧野、日本山崎马扎克、德国罗德斯等。这些设备在精密模具加工中发挥了重要作用，确保了高质量与高效率的生产。

②慢走丝线割加工

慢走丝线割加工技术主要用于二维及三维直纹面零件的加工，尤其是在冲压模具制造中占有重要地位。其在各类模具加工中扮演着不可替代的角色，如冲压模的凸模、凸模固定板、凹模及卸料板的加工，注塑模的镶件孔、顶针孔、斜顶孔、型腔清角及滑块等加工。

慢走丝加工是一种高精度的加工方法，高端设备能够达到小于 $3\mu m$ 的加工精度，表面粗糙度可低至 Ra0.05μm。技术进步使得慢走丝线割加工在模具制造中广泛应用。

瑞士 GF（阿奇夏米尔）、日本西部、日本三菱和日本沙迪克等公司生产的慢走丝线割设备，以其卓越的性能和稳定性，广泛应用于模具制造业。

③电火花加工

电火花加工（EDM）是处理模具复杂形状、窄缝、深腔等部位的理想选择。当传统切削工具无法接触到复杂表面，或在长径比特别高的情况下，电火花加工显示出独特的优势。尤其是对于某些高技术要求的零件，通过铣削电极并进行放电加工，可以显著提高加工成功率。

尽管高速铣削技术的进步对电火花加工带来了一定的挑战，但二者的结合也推动了电火花加工技术的进一步发展。例如，使用高速铣削制造电极，不仅减少了电极的数量，还提高了生产效率与电极的精度，从而进一步提升了电火花加工的精度。

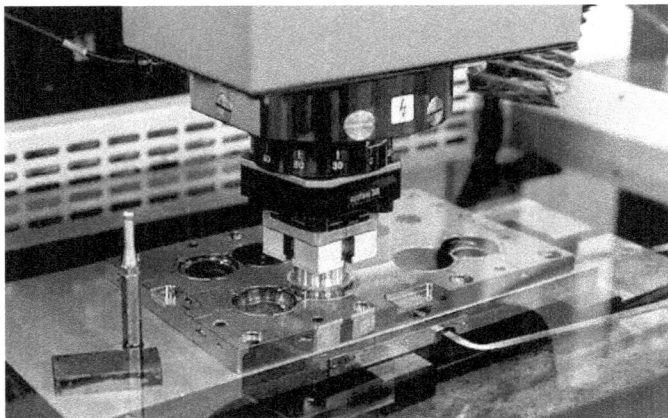

先进的电火花加工设备可以实现镜面电火花加工（Ra<0.1μm），并可实现5μm的清角水平。此类设备在微细零件的加工中，如连接器、IC（集成电路封装）模具等，发挥了重要作用，确保了高精度和高质量的加工结果。

全球知名的电火花加工设备制造商包括瑞士GF（阿奇夏米尔）、日本牧野、日本沙迪克、日本三菱等，他们的产品在精密模具加工领域具有广泛的应用和良好的声誉。

④磨床加工

磨床是模具制造中对零件表面进行精加工的关键设备，尤其适用于淬硬工件的加工。磨床主要分为平面磨床、万能内外圆磨床和坐标磨床（PG光学曲线磨床）。

平面磨床广泛用于加工小尺寸的模具零件，如精密镶件、模仁和滑块等。现代平面磨床技术的发展，使得砂轮线速度和工作台运动速度大幅提升，精度也进一步提高，最小垂直进给量可达0.1μm，表面粗糙度可低至Ra<0.05μm，加工精度可控制在1μm以内。国内精密模具厂大多使用日本的平面磨床，例如日本冈本磨床。

对于回转体零件，尤其是高精度、光洁度要求高的零件，使用外圆磨床进行加工更为合适。瑞士斯图特万能内外圆磨床凭借其高精度、高稳定性，成为中型单一部件和批量工件磨削的理想选择。

光学曲线磨床适用于高精度孔距和各种轮廓形状的加工。通过光学投影技术，可精确加工钨钢件、硬质合金件等高硬度材料。瑞士豪泽 HAUSER、美国穆尔 MOORE、日本天田 AMADA 等品牌的光学曲线磨床，以其高精度和复杂形状加工能力，在模具制造中占据了重要地位。

⑤车削加工

车削加工主要用于加工各种回转体零件。随着数控技术的发展，复杂的回转体形状通过编程变得更易实现，数控车床可以自动更换刀具，大幅提高了生产效率。

数控车床的加工精度和制造技术日益完善，使得某些加工场景中，车床甚至可以代替磨床，成为模具制造的重要工具。数控车床广泛用于加工模具中的圆形镶件、定位环等零件，特别是在笔模、瓶口模具中应用尤为广泛。

此外，先进的数控车床功能已经超越了传统的"车削"范围，拓展为车铣复合一体机床。通过一台设备完成复杂、多工序零件的全部加工，显著提升了生产效率和精度。

全球领先的数控车削机床制造商包括日本山崎马扎克、美国哈斯等，他们的设备在模具制造中广泛应用，支持了高效精密的加工需求。

⑥测量技术

测量在模具制造的各个阶段都扮演着重要角色，从模具设计初期的数字化测绘，到加工过程中的精密测量，再到成品验收和后期修复，精密测量设备确保了模具的质量和精度。

三坐标测量机是检验工件精度的主要工具，通过采集空间点坐标和计算，三坐标测量机能够精确测量工件的形位公差。探针与工件表面轻微接触，获得测量点的坐标，并将结果实时反馈给设计和生产部门，帮助改进产品设计或生产流程。三坐标测量有时也用于逆向工程设计。

　　影像测量仪则利用影像测头采集工件的影像，通过数位图像处理技术提取工件表面的坐标点，再利用坐标变换和数据处理技术计算出被测工件的实际尺寸、形状和位置关系，适用于复杂工件的精密测量。

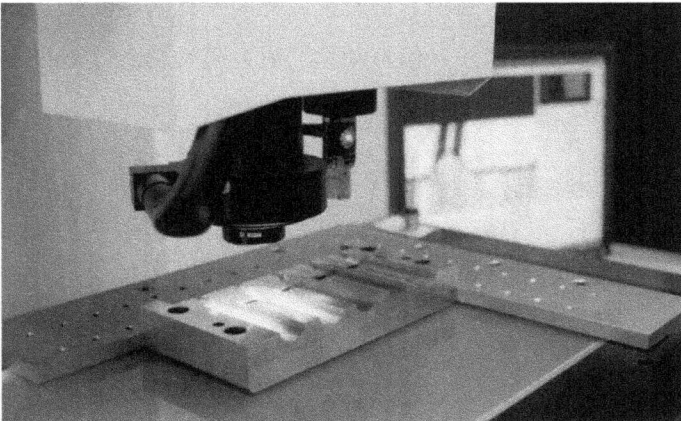

　　知名的测量设备制造商包括德国蔡司、瑞典海克斯康、日本三丰、日本尼康等，他们的产品在全球模具制造业中享有盛誉，为高精度测量提供了可靠保障。

　　⑦快速装夹定位系统与自动化

　　模具制造通常涉及多道工艺，零件在不同设备上的装夹与校正耗时较多，导致机床闲置，降低了生产效率。为应对这一挑战，快速装夹定位系统就能发挥显著的作用，通过精确的基准实现了铣削、车削、测量和电火花加工的统一基准互换，使得电极的装夹与找正时间缩短至一分钟左右，重复定位精度控制在 3 μm 以内，大幅度提高了设备的利用率。

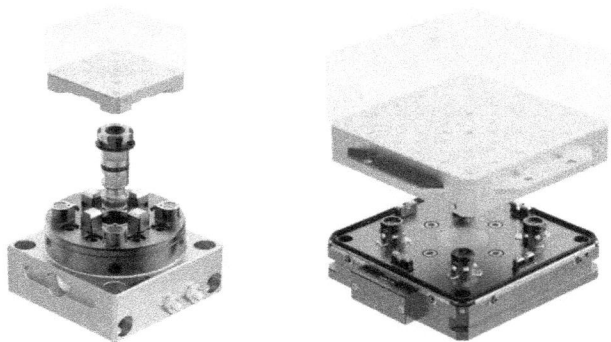

　　快速装夹定位系统为自动化生产奠定了基础。现代化模具车间通过配备机器人与柔性系统管理软件，形成了自动化的加工中心。这些系统能够显著缩短生产周期，提升生产效率。目前，虽然无人化的模具制造成套方案在一些复杂模具制造中尚未得到广泛应用，但自动化已成为模具制造行业的发展趋势。

　　领先的快速装夹定位系统制造商包括瑞士 GF 加工方案的 System 3R 夹具和瑞士 EROWA 夹具等，这些系统在全球精密模具制造领域被广泛应用，推动了模具加工的自动化进程。

　　上述七个方面的加工技术，是确保精密模具制造生产效率、高质量和高精度加工结果的关键。这些技术和设备的不断创新，将推动模具制造行业的发展，为制造业带来更多的可能性。

模仁抛光

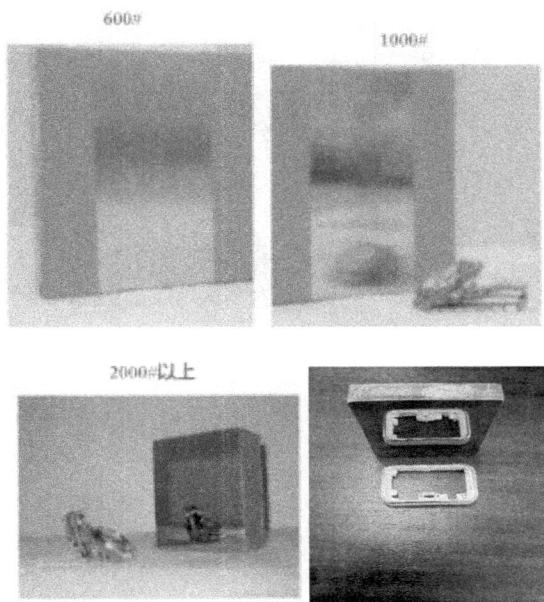

（4）塑胶模具组立

标准零件介绍

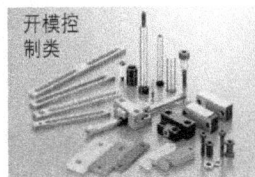

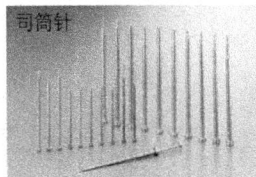

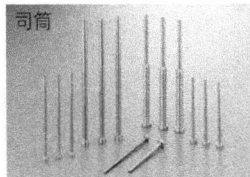

装配流程介绍

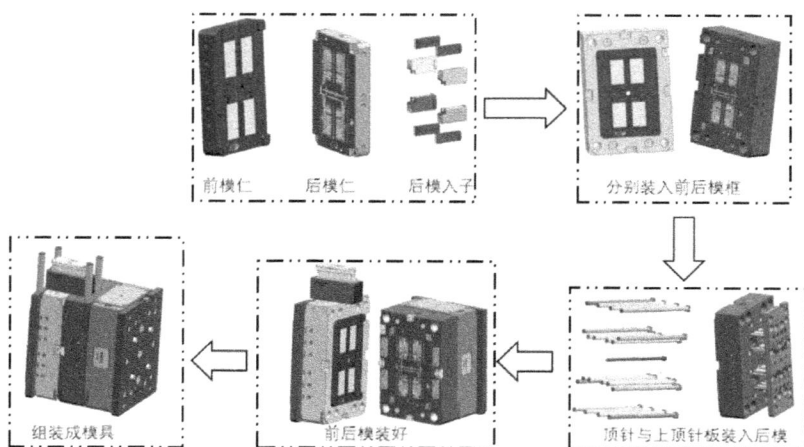

前模仁　后模仁　后模入子　　　　分别装入前后模框

顶针与上顶针板装入后模

前后模装好

组装成模具

第六章 注型成型工艺——机台模具与周边设备的关系

1. 原料与机台的关系

易腐蚀的材料/高玻纤材料或者有其他特殊要求的材料都需要专用螺杆和炮筒。

2. 模具与机台的关系

需要考虑机台的锁模力和射嘴 R 角和模具灌嘴 R 角匹配的问题。格林柱的间距。最大（小）模厚，最大开模行程。压板螺丝孔的位置。最大储料量，机台顶出（退）最大的力和行程（电动机）这些参数是否匹配。

3. 机台与周边设备的关系

需要检查循环水塔、空压机、烘料桶、除湿干燥机、机械手等这些设备是否运行良好或满足需求。

4. 模具与周边设备的关系

模具如需用以下设备比如：模温机。冰水机。温控箱。中子机，氮气机，抽真空机需要确认生产现场是否有或匹配需求。

射出成形五大因素

温度：溶胶温度、干燥温度、模具温度、料管温度、作动油温度、环境温度。

压力：射出压力、保压压力、锁模力、开关模压力、顶出压力、背压压力。

速度：射出速度、回转速度、开关模速度、顶出速度。

时间：射出时间、保压时间、开关模时间、冷却时间、干燥时间

量（位置）：计量位置、开模及关模位置、低压保护位置，顶出前进及后退位置，注射及保压切换位置、松退位置。

5. 注塑模具试模的步骤

优化模具设计和工艺参数，避免不必要的误差，达到事半功倍的效果，同时满足批量生产的高质量要求。这样即便是材料、机器设定或者环境等因素发生了变化，依然能够确保稳定和不间断的批量生产环境。大多数成型产品的缺

陷是在塑化和注塑阶段造成的，但模具设计不当、模具结构不良才是一切的根源！试模影响因素：模腔数，冷/热流道系统的设计，浇口的类型、位置和尺寸，以及产品本身的结构等。因此为了避免由于模具设计而造成的产品缺陷，我们需要在制作模具的时候，对模具的设计和工艺参数进行分析。需要强调的是，试模的目的和重点在于优化模具和工艺，以满足批量生产的要求，而不仅仅是试验出几个好的样品。

第一步：模具空运行测试

①模具低压下的开合模状况检查。

②模具顶出系统的检查（低压下）。

③模具复位的检查。

④行位（滑块）动作的检查。

⑤以上完成后把模具温度升到需要调试的温度空运行 1 小时后在检查无问题后开始进入下一步调试。

第二步：多型腔进胶平衡性的测试

①连续依次打 5 模，称量其重量。

②记录各模中每个产品的单件重量。

③减少注塑量，依次充满 20%、50%、90% 的样品各 3 模。

④称量并记录上述每个产品的重量，并记录压力情况，以便掌握各个阶段的压力降。

⑤如果产品最大的重量与最小的重量差异小于 2% 的重量则可接受——若重量波动误差在 2% 以内，则表明型腔进胶平衡，否则进胶就不平衡。

⑥如果是单型腔模，也要做好短射到打饱的各个阶段留样（观察实际走胶情况）。

第三步：最佳锁模力的确定

①当保压切换位置/保压压力设为最佳时，锁模力设为最大锁模力的 90% 以内，成型 3 模，记录每模产品的重量。

②锁模力依次减少 5Ton，每次成型 3 模，记录每模产品重量，直到产品重量突然变大，重量增加 5% 左右产品周边开始产生飞边时为止。

第四步：最佳冷却时间的确定

①在注塑工艺条件合适的情况下（产品打饱后），估算冷却时间（初选一较长的冷却时间，使产品完全冷却），打3模产品，测量其尺寸。

②在表中记录产品尺寸，观察胶件变形情况。

③产品冷却时间逐一减少1秒，打3模。

④减少冷却时间，直到产品开始出现变形，尺寸开始减小时为止。

⑤每个冷却时间所注塑出的产品，应在胶件充分冷却后（约15分钟时间），才能测量其尺寸。

⑥确定更佳冷却时间的依据考虑产品尺寸稳定性。

第五步：模具冷却均匀性的测试

①用模温测量仪测量型芯、型腔各选10个点的温度。

②各测量点的实际温度与平均值的差异应小于2℃，如果与平均值的差异超过2℃，则表明模具冷却效果不均，应改善冷却系统。

第六步：确定最佳的注塑速度

①记录液压油温度、溶料温度和模具温度。

②先设定好溶胶终止位置，只用一级射胶。

③将保压压力和保压时间设定为零，确定射胶起始位置后，逐步增加注射速度。

④调整位置填充到胶件的95%位置（观察是否有垫料，留5-10mm的垫胶量）。

⑤逐步增加注塑速度每次填充到胶件的95%位置。（最大速度已不能让产品出毛边为止或峰值压力到机台最大压力为止）

⑥将每次调整的注射速度和对应射胶峰值压力记录于"注射速度分析数据表"中。

⑦根据注塑速度分析数据表绘制成黏度曲线图找出曲线缓慢变化的中间点对应的注塑速度。

剪切速率对粘度的影响，远远大于温度对粘度的影响。如果剪切速率在非牛顿曲线区域，剪切速率小小的变化都会导致很大的粘度变化，这将使熔料充模不稳定，最终导致注塑过程不稳定。因此，必须找到牛顿曲线区域，并确定注射速度（剪切速率）的最佳值。

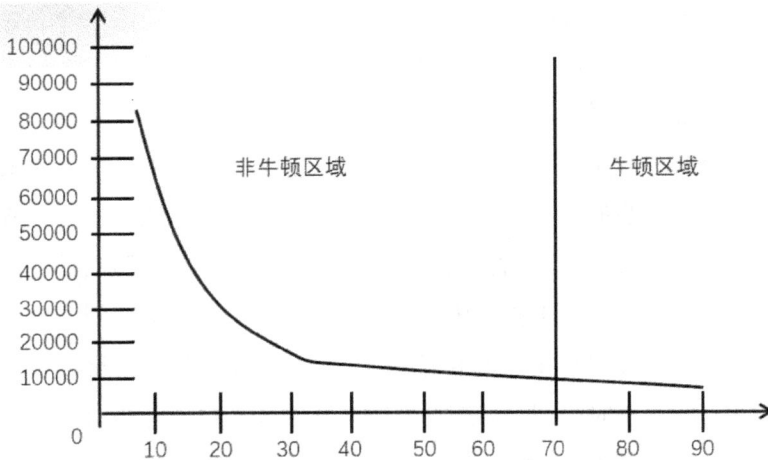

粘度=峰值注射压力X填充时间X机器强化比

注射速度（%）	填充时间（S）	峰值压力（PSI）	熔料压力	剪切速率	相对粘度
5	9.9	743	8544.5	0.101	844591
10	4.95	762	8763	0.202	43377
20	2.52	775	8912.5	0.397	22460
30	1.72	806	9269	0.581	15943
40	1.34	838	9637	0.746	12914
50	1.08	869	9993.5	0.926	10793
60	0.91	897	10315.5	1.099	9387
70	0.8	930	10695	1.250	8556
80	0.71	957	11005.5	1.408	7814
90	0.66	1007	11580.5	1.515	7643

剪切速率等于时间的倒数。结论：最近的注塑速度为 60%（保险 70%）

第七步：保压时间（浇口冻结）的测试

①保压时间先设定为 1 秒时，每次成型 3 模产品 。

②依次增加保压时间，减少冷却时间，使整个循环周期不变（一直到浇口

冷冻封胶，产品重量不增加为止）。

③逐步增加保压时间，每次成型 3 模产品，称量指定型腔的产品重量，把数据依次记录在表格里。一直到重量不再增加为止。

④具体操作步骤是，当模温稳定，其他工艺参数设定 OK 后，先根据胶件的厚薄预估一个适当的起始保压时间，注塑出一模胶件，用电子天平或电子磅（重量误差在 ±0.001g 以上）称量其重量，并记录在"重量记录表"内。然后，保持周期时间不变，增加 1 秒保压时间，相应缩短 1 秒冷却时间，再注塑出一模胶件，称其重量并记录在"重量记录表"中。依此类推，直至其重量不再增加为止，此时的保压时间即为所需的有效保压时间，也就是浇口冷冻封胶的时间，将保压时间和胶件重量绘成曲线，从中就可以看出有效保压时间点：为了提高注塑的稳定性，可以在浇口封胶时间到了之后再适当延长 1 秒或 0.5 秒时间。

保压时间（秒）	Shot1（克）	Shot2（克）	Shot3（克）	平均重量（克））
0.5	5.60	5.62	5.60	5.61
1	5.65	5.66	5.65	5.65
1.5	5.70	5.70	5.69	5.70
2	5.73	5.74	5.74	5.74
2.5	5.77	5.78	5.78	5.78
3	5.78	5.78	5.78	5.78
3.5	5.78	5.78	5.78	5.78

首次试模完成后需填写试模产品点检表（如下表）和试模产品问题点反馈表（此表可按每个公司现有的填写，主要能体现产品外观问题点，尺寸问题点和装配问题点即可）。如试模产品点检表 OK 后，后续试模只填写产品问题点反馈表即可，直到产品没有问题为止。

试模产品点检表

项目名称：　　　模具编号：　　　产品名称：　　　试模日期：　　机台号/吨位：

序列	check 内容	yes/no	备注
1	水份分析结果是否在材料供应商推荐的范围内		
2	注射的料管温度是否在材料供应商推荐的温度范围内		
3	热流道的温度是否在材料供应商推荐的温度范围内		
4	模具的温度是否在材料供应商推荐的温度范围内		
5	料管射出的料温与设定温度差异是否大于10度		
6	热流道射出的料温与设定温度差异是否大于10度		
7	热流道停机3分钟是否可以正常使用，不用排料、无拉丝、无流胶		
8	物料滞留时间是否满足客户需求		
9	前后模温是否独立控温，		
10	模具是否漏水、渗水		
11	材料用量是否在料筒的20%-80%之间		
12	产品短射是否可以顺利顶出产品		
13	流道是否可以顺利顶出并可以被机械手取出		
14	产品是否能一次掉落并可以被机械手取出		
15	是否保留产品的短射状态		
16	是否测试喷嘴、流道、浇口、产品各段的压降		
17	充填速度是否设定在稳定的黏度曲线范围内		
18	残量稳定性是否在2%以内		
19	峰值压力的波动是否在2%以内波动		
20	是否做浇口冷冻测试		
21	是否做最佳锁模力测试		
22	是否做最佳冷却时间测试		
23	模温是否差异在2°以内		
24	每穴产品重量是否差在2%以内		
25	螺杆计量时间的稳定性是否在0.2S以内		
26	是否做空运转试验		
27	空运转是否有异常		
28	是否试跑一批产品		
29	试跑产品的问题是否有变异		
30	是否详细记录成型参数		
31	是否详细记录监控的实际参数（例如实际注塑压力、时间、残量位置等）		
32	周期、良率、人力是否满足报价		
33	是否详细填写试模产品问题反馈表（外观、尺寸、装配）的问题		

前期研发各部门参与人员的职责范围介绍

产品设计师：产品设计师应该了解制造过程，特别是它的生产工艺、产品设计和包装遵循可制造性原则。例如设计师必须了解，为避免产品表面缩印，产品的整体厚度尽量均匀，产品壁也必须有足够的脱模斜度才能顺利脱模。设计师向注塑部门说明用这种材料的功能要求和产品尺寸及公差，这样工艺工程师就知道要加工何种材料、当使用这种材料的产品公差不切实际时或在两者有冲突时，就可以发出预警。

模具工程师：在所有的工作职能中，模具工程师通常是参与项目最重要的人。模具工程师通常是模具制造部门和注塑厂家之间沟通的桥梁。他的任务是将合格的模具交给注塑厂家，并解决注塑厂家在生产过程中发现的任何问题。根据产品设计师的设计、选定的腔数来设计模具，然后由模具制造商生产。他应了解用于成型产品的材料种类和性能特点。产品的任何设计特征或尺寸的变更都应反映在模具上，模具工程师需要对这些变更负责。在设计模具流道、浇口和排气槽之前，模具工程师应与材料供应商取得联系，获取材料的相关信息。例如，使用含30%玻璃纤维填充的材料和使用含30%长玻璃纤维填充的材料有很大区别。模具工程师必须理解开发稳健注射工艺的意义，熟悉科学注塑的技术和优点，并且使用这些技术对模具进行验收。确定工艺窗口非常重要，模具工程师必须与工艺工程师、质量工程师紧密合作。除此之外，模具设计方案必须由产品设计师、模具工程师、和工艺工程师进行评审。首次试模时模具工程师和模具设计也必须在场，检查模具功能是否正常。

工艺工程师：工艺工程师往往是整个团队中参与项目开发最多的成员，工艺工程师是负责交付最终成型产品的人。项目经理都急于看到他们手中第一个成型产品，于是试模当天让他们整天守候在注塑机旁边。模具制造通常是按日来计算交付期，但是模具一出工艺工程师要在模具到达注塑车间几小时内，就要交出样件。很有可能项目经理已经承诺客户，产品需在第二天交付，这就给工艺工程师带来了巨大的压力，他们必须注射出可以接受的产品。在有些企业中，工艺工程师直到计划试模的当天方才看到模具或开始了解该项目。而在有些情况下，他们也会参与模具评审。各企业后续一定要求工艺工程师必须介入项目的每个阶段。根据经验，他们可以提出建议来改善产品的外观和成型工艺。工艺工程师能对诸如排气槽、模具水路，浇口位置等特征是否合理做出更好的判断。模具设计师倾向于将浇口布置在模具上制造方便的位置，而这些位置并不一定是成型工艺的最佳位置。选择哪台注塑机生产由工艺工程师来决定。根据对吨位、注射量使用百分比和滞留时间的计算，他们就能推荐最合适的机台完成这个产品。配合质量工程师调整工艺参数的各个边界并保留样品和测量尺寸。以便和产品设计师讨论产品尺寸公差的让步和产品外观的签样。

质量工程师：通常质量工程师只被当成一位"测量员"，大多参与项目不深。其实质量工程师在以往类似产品或塑料方面的经验是颇具价值的，加上他对生产过程中产品的收缩率和合适的公差范围都会有相当的了解。质量工程师要参加产品每次试模和检讨及批准量产的会议。他们的任务是及时拿到产品图纸并决定最终注塑件的测量方法。质量工程师应与产品设计师进行图纸讨论。如果能拿到产品的立体模型或快速样件模型更好，它们都可以用来完善测量方案。测量需要的夹具应该提前安排。利用快速样件，可以进行初始测量系统再现性和重复性分析（GRR—测量系统分析）。如果发现存在不切实际的公差，均应提前通知产品设计师。要求工艺工程师调整工艺参数的各个边界并保留样品和测量尺寸，在批准产品量产之前与客户沟通各种边界工艺的外观签样和尺寸的让步。保证项目顺利量产。

项目工程师：项目团队希望增加注塑厂家的销售量，因此会尽可能多地承接注塑业务。然而他们也必须了解成型技术，找到合适的客户，必须评估一个新的项目是否适合自家注塑工厂的能力。如果产品与注塑工厂能力不匹配，不仅会对项目产生不利影响，也会对客户关系造成负面影响，影响双方以后的合作。项目人员主要以注塑机吨位为依据承接订单。他们还应考虑其他因素，例如是否需要洁净室、是否需要其他的配套设备等特殊工艺。项目团队必须了解注塑厂的能力，包括每个部门的优缺点。否则他们就会给公司的项目埋下隐患。接受订单前必须清楚地了解每单业务中注塑机的选用原则，包括吨位，注射量大小、注射量使用百分比、停留时间和其他参数。

所有部门的守则：最终的成型产品是否合格是所有部门努力的结果。在传统的"隔墙"工作模式中，每个部门只管做自己要做的事情，然后把项目传给下一个部门。然而这种模式却无法解决上一部门给下一个部门遗留下来的问题。了解每个部门的需求以及"为什么有这些需求"能使工作更轻松更高效，并确保产品按照规范交付。各部门不但对各自的职责范围要有清晰的了解，更要对那些跨部门的职责有基本的了解。例如公司每位员工都应该参加科学注塑法的培训，理解为什么有一个良好的工艺窗口如此重要。如果工艺工程师因为模具缺乏足够的工艺窗口，将模具退回模具制造商或模具工程师，那么他的理由是站得住脚的。如果工艺不具备稳定生产能力，即使他能注塑出 10 个合格产品，也不代表他能生产出 50 万个合格产品。过程能力的概念必须普及到注塑工厂的每个部门。

实施并行开发：并行开发实行起来其实并不难，只需召集所有相关部门的代表一起对项目进行任务拆解然后安排给个相关部门。安排工作时应考虑以下几点：

①项目进度的顺序不一定代表执行项目的顺序。例如，在报价阶段就必须选择好注塑机，以确保注塑厂有完成生产订单的设备，而不是等订单确定后才从注塑厂现有的机台中随意挑选一台。

②每家公司都有自己的组织架构。因此每家公司都应制作符合本身特点的方案。每个阶段结束时的复盘会议是一定要做的。并非所有的工作职能在每个阶段都发挥直接作用，但他们做决定的根据却是前几道工作提供的资料。因此，项目的状态和决定必须传达给团队里的每位成员。

注塑行业在成本和交货期方面的竞争日趋激烈。从项目酝酿阶段到注塑件诞生之间的时间越来越短，大家甚至期望第一次试模就能得到合格的产品。只有那些能够满足客户成本和交货期要求的公司才有可能在竞争日趋激烈的市场中存活下来。实施并行开发的意义在于它提供了一个不同的视角，让从业者跳出框框思考，预先找出项目的隐患。各种会议花费的时间都是值得的。定期进行评审必不可少，尤其当设计、材料、交货期等发生变化时，结果必须通知项目团队的每位成员。最终的产品，无论是好是坏，都是整个团队共同参与的结果。能解决所有注塑问题的灵丹妙药并不有存在。然而对科学注塑原则的深入理解，将有助于我们消除由于无知而造成的浪费。

第七章 注型成型工艺——成型参数

1. 以下介绍注塑机台主要成型参数的设定

在塑料注射成型过程中，以下成型参数会对产品质量有直接影响：

①料筒温度：塑料只有在熔融状态下才能注入模具。加热圈对料筒进行加热，料筒再将热量传导给内部的塑料进行熔化。根据料筒的长度，上面可以安装多组加热圈，每组加热圈的温度必须根据需要加工的塑料单独进行设置。这些加热圈的设置温度终将反映在塑料熔体温度上，螺杆旋转产生的剪切作用对熔体温度也有很大影响。熔体的推荐温度可从材料制造商那里获得。

②模具温度：注射成型是一个热传递过程，熔体会在模具中逐渐冷却。模具温度是在模温机上设置的，模温机内有油或水等传热流体循环流动。通常水用于 120℃ 以下的模具温度（水温机也可升到 180°），而油则用于更高的模具温度，有时也可使用电热管加热。有些注塑机可以直接在屏幕上控制这些模温设备。模具的推荐温度可从材料制造商处获得。

③注射速度：是指螺杆将塑料熔体注入模具的线性运动速度。注射速度应尽可能快，确保熔体在最短的时间内达到填充末端。一旦熔体充满模具，注射就不再由速度控制了，只是在补偿阶段以低速继续填充。黏度曲线图，可用来优化注塑机的注射速度。

④注射压力：这是为保证注射速度而作用到螺杆头部熔体上的压力。如果塑料的黏度增加，保持设定速度所需的推力或压力也会增加，因此在注射过程中保持恒定速度非常重要。要实现稳健的工艺，机台应始终保持有充沛的压力，而通过压降测试可以优化注射压力。

⑤保压压力：模具在注射阶段完全填满后，为了补偿接下来的收缩，就需要填充更多的塑料。这时作用在熔体上的压力称为保压压力。保压压力是决定产品收缩率和尺寸最重要的参数之一。可采用实验设计（DOE）方法来优化补缩压力。

⑥保压时间：保压压力的作用时间。可用浇口封闭测试获得的数据来优化保压时间。

⑦螺杆转速：是指螺杆储料时螺杆的旋转速度。通常结晶型材料比无定形材料需要更高的螺杆转速。目前还没有直接的标准来优化螺杆转速。主要采用间接的方法，如测量熔体温度，以及检查熔体中是否有烧焦或未熔化的颗粒。也可设定在冷却时间 1-2S 前完成储料。有些也可问材料厂家建议螺杆的转速。

⑧背压：是指在螺杆储料时，为使熔体熔化均匀并消除挥发物施加在螺杆后面的压力。

⑨冷却时间：保压结束开始到塑料冷却到达顶出温度前的时间。冷却阶段结束后，模具打开，产品顶出。设定的冷却时间并不是实际的冷却时间。当塑料熔体接触模具的瞬间便已开始冷却。因此，实际冷却时间等于注射时间（充填时间）、设定的补缩时间、设定的保压时间和设定的冷却时间之和。冷却时间也可以通过实验设计进行优化。

⑩注射量：也称为计量。螺杆的零位是指螺杆处于料筒最前端的位置。螺杆向后移动时储存熔融塑料。螺杆向后移动的设定距离就称为注射量。注射量以直线距离或体积来计算。注射量可以根据塑料的总注射重量和熔体密度来进行计算。然而，由于熔体密度与温度有关，而温度难以精确测量，因此注射量计算结果通常只是个估算值。在补缩和保压阶段，还必须根据实际料垫量进行注射量修正。

⑪切换位置：从注射阶段切换到补偿阶段的点称为切换点。当该点由位置决定时，称为切换位置或转换位置。这种切换也可以通过时间射出压力或外部

信号来完成切换。理论上在切换位置时熔体应 95% 及以上填满模具。而实际上在补偿阶段开始之前，模具的填充量有可能是小于 95% 的，这就需要保压压力和时间来配合最终完成产品 100% 的充填。

工艺输出：上一节讨论的是输入机台的成型参数。下面讨论机台的输出参数，这些参数是注塑机参数设置后在控制屏幕上看到的结果。

①充填时间：也称为注射时间，是螺杆从计量位置移动到切换位置的时间。也是充填阶段的持续时间。

②切换压力：是到达补偿阶段的切换点时所需的实际注射压力。

③峰值压力：是注射阶段达到的最大实际压力，其大小与模具设计及产品设计有关，与切换压力可能相同，也可能不同。

④料垫量：保压阶段结束时螺杆停留的位置称为料垫量。料垫量是补偿收缩所需要的缓冲区。如果料垫量为零，则无法对熔体施加压力，熔体也无法实现充分补缩。换言之，收缩无法得到有效补偿。因此料垫量不应为零。

⑤储料时间：螺杆旋转储存下一模所需原料的时间。

⑥成型周期：是完成一个完整注塑周期的时间。也可以理解为注射一模产品所需的全部时间。

以下讲解注塑参数设置的常用方法（以发那科注塑机为例）

①开合模画面如图所示：

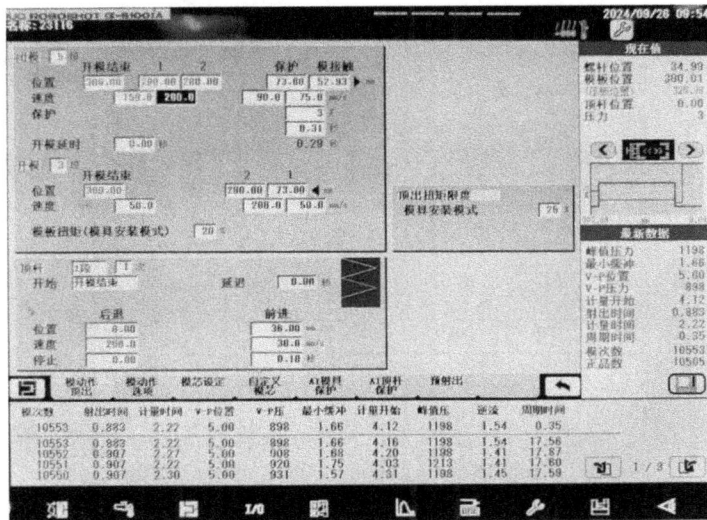

开模距离调整的原则是机械手能顺利取出产品为止/产品能顺利脱落为止，行程尽可能得小，避免浪费周期。

两板模（不带滑块）开模参数设定。

开模：第一段的位置应比模具接触位置大 20mm 左右，速度慢速；

第二段的位置应比最大行程位置小 20mm 左右，速度快速；

第三段的位置是最大行程，速度慢速。

两板模（不带滑块）合模参数设定。

合模：第一段的位置应比最大行程位置小 20mm 左右，速度中快速；

第二段的位置应比模具接触位置大 40mm 左右，速度快速。

模具保护位置应比模具接触位置大 20mm 左右，速度中慢速。模具接触位置是机台调模后自动测出的数据。速度中慢速。

压力尽可能得小（原则上是 1）。保护时间比实际的时间大 0.05 秒即可。

注释：以发那科电动机为例：开合模过程的速度慢速指的是 50mm/s 及以下，中慢速是 100mm/s 及以下，中快速是 150mm/s 及以下，快速是 200mm/s 及以下。

②温度画面如图所示：

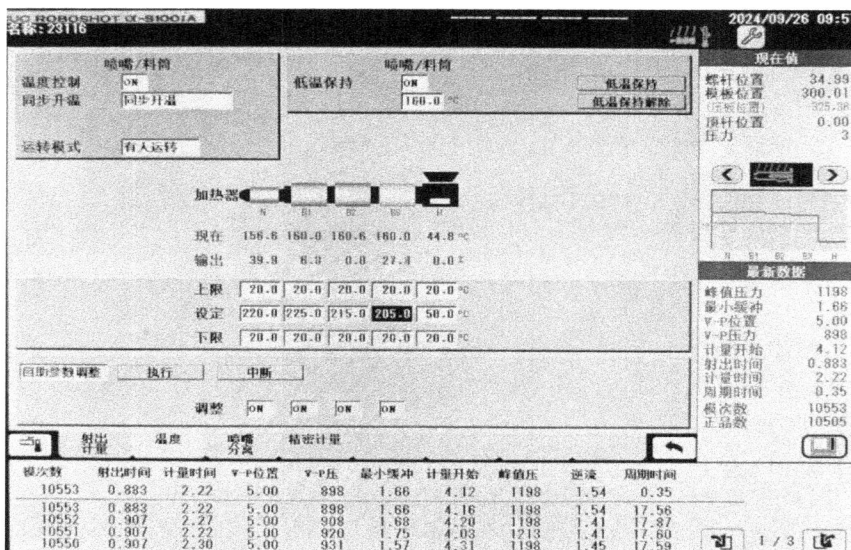

温度的设定：射嘴（N）要比第一段（B1）温度低5度到10度；第一段温度要比第二段（B2）温度高5度到10度；第二段要比第三段（B3）高5度到10度；第三段要比材料物性表中的最低温度高10度左右。

注释：料筒第三段（B3）也是下料口最近的一段，如果温度过高会导致原料在下料口处结块，使得加料不稳定或加不上料。温度逐段地升高是为了使材料不易分解和螺杆不易损坏。射嘴的温度比第一段低是为了防止溢料和拉丝。

若是热灌嘴的模具射嘴温度可以与第一段的温度一致，热灌嘴温度适当的低10—20度左右（适拉丝而定）；若是热流道的话主流道和热嘴的温度一致或低5度左右，热嘴比热板低10度左右（适拉丝而定）。

③射出画面如图所示：

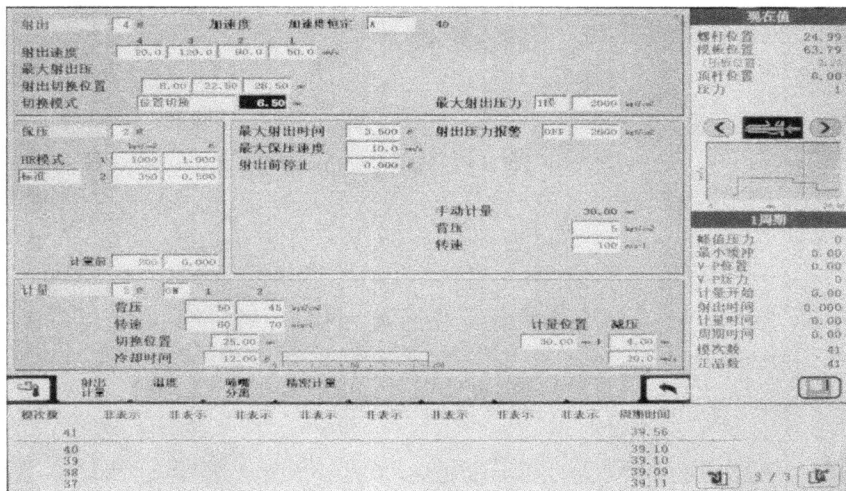

计量位置：试模短射过程中逐步地增加，产品打饱后最小位置保留5mm左右为合适。

射出第一段位置一般为进到产品5%左右，速度慢速，小压力；第二段位置一般射到产品25%左右，速度中速，中等压力；第三段位置一般射到产品80%左右，速度快压力稍大；四段一般射到产品95%左右，速度慢速，中压力。一般产品保压的切换位置设定为95%～98%之间，然后转保压。

注释：以发那科电动机为例：射出慢速50mm/s及以下，中速100mm/s及以下，快速 100mm/s 以上。

保压第一段压力一般设定为最大射出压力的一半压力，时间 0.5-1"（压力和时间具体要以产品尺寸和产品末端缩水情况而定）：第二段保压为小压力，时间 0.5（压力和时间具体以产品中间部位和浇口部位的缩水情况而定）。

注释：小产品有时一段保压即可：有时也需多段保压（以产品情况而定）以上是参数设定的最原始的方法，现在都需要用试模的步骤找出最适合的参数。

背压：第一段背压压力一般是中等压力 40 ~ 50kgf/m 左右，中等转速 80 左右。加料的切换位置应比计量位置小 5MM 左右。第二段背压压力应比第一段小 5kgf/m 左右，速度比第一低 10 左右，松退位置一般为 4mm 左右。冷却时间先长后短，直到最适合为止（大件产品一般冷却时间设定比加料时间多 2-3S 最为适合）。以上设置以发那科电动机为例。

2. 薄壁射出成型的考量

①高分子塑料；②模具大小；③锁模力；④射出螺杆的大小；⑤原料干燥的品质；⑥原料加工的温度；⑦原料的剪切热

3. 薄壁射出成型的建议

①较高的成型温度；②较高的模具温度；③较小的射出螺杆；④原料的充分干燥；⑤较高的射出压力；⑥较快的射出速度；⑦较快的循环周期。

4. 降低产品内应力（应力痕）的建议

①原料温度尽量提高但不可超过裂解温度；②成型速度慢而平稳；③模具温度高而平均；④保压压力小而（时间）短；⑤成型压力适中（中等压力）。

5. 产品常见问题点的分析——困气包锋

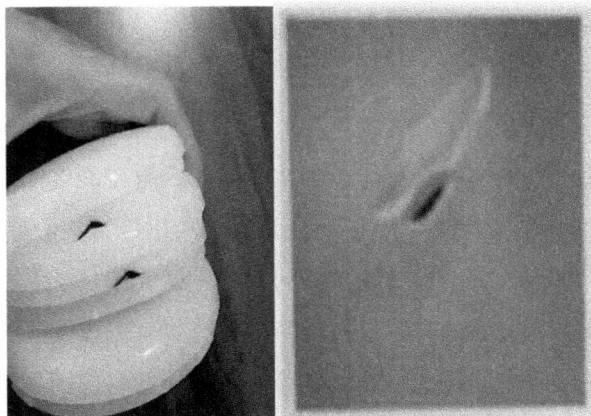

产品困气　　　　　　　　　产品包锋

（1）困气包锋

困气包锋的定义：空气或气流来不及排出＋被熔胶波前包夹在型腔内。困气包锋的根本原因是排气问题，模具存在的问题一定要在调整工艺前加以解决，不要用工艺调整迁就模具存在的问题，工艺调整一定要最后一步在考虑。

包锋（产品设计方面）：壁厚差异太大生跑道效应。

壁厚差异太大时，薄壁处塑流迟缓，溶胶沿厚壁快速超前，有可能对模穴中空气或气体进行包抄，形成包锋。

改善对策：更改成品厚度分布，使壁厚尽可能保持均匀，以避免包锋。

（2）包锋（模具方面）

①浇口位置不当：浇口位置不当时，塑流有可能包抄空气或气流，形成包锋。改善对策：更改浇口位置，可以改变充填模式，包锋有可能避免。

②流道或/和浇口尺寸不当多浇口设计时，流道或/和浇口尺寸如果不当，塑流有可能包抄空气或气流，形成包锋。改善对策：更改流道或/和浇口尺寸，可以改变充填模式，包锋有可能避免。

③排气不良：若是排气不良，波前收口处会卷入空气或气流，形成包锋。改善对策：建议的排气口深度：结晶性材料0.02mm，非结晶性材料为0.03mm，当然材料厂商可以提供更准确的资讯，作为设计参考。

④模具污染：来自模具运动部件的油脂或油缸渗出的油会成为模具表面的污染物，这些污染物会附着在模具排气槽的位置，造成困气现象。建议经常检查模具排气并清理，模具运动部件的油脂不易涂抹过多，如油管在模具上方应检查有没有漏油、滴油、渗出的油。

（3）包锋困气（成型工艺方面）

①射速过快时，气体更有可能被困在产品内，有可能气体没有及时排出而形成包锋。改善对策：降低射速，但要注意降低射出后带来的其他缺陷，比如：光泽度不均匀，缩水，打不饱，缺料等问题。

②料温过高：当料温过高时，材料降解并产生气态挥发物，这些多余的气体很可能被困在型腔中，造成困气。改善对策：降低料温到材料厂商推荐的范围内，另外注意背压和螺杆转速的设置，如果这两个设定不当也可造成料温过高。

③后松退：后松退的距离过大有可能会造成空气被吸入人体内，这些空气与溶体一起注入模具后必须加以排出，如果吸入的空气过多，有可能无法及时排出造成困气。改善对策：减少松退行程，但要注意料头拉丝溢胶。

④模温过高：模温过高会加快因没及时排出的空气和材料内的挥发物烧焦。并且模温过高会导致材料流动性增加溶体剪切过快，更容易导致挥发物的析出。改善对策：降低模温，但要注意尺寸的波动和外观的一些变化。

⑤其他因素：螺杆的长径比和压缩比是否合适这款材料，料筒加热圈是否有异常，材料的含水率是否达标，材料的添加剂是否承受高温。

6. 产品常见问题点的分析——毛边

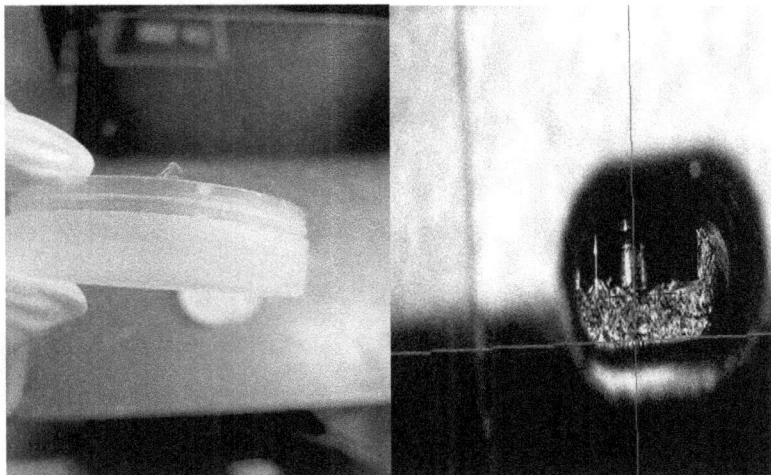

毛边

毛边的定义：熔融塑料流入分模面，滑块的抽动面或配件的间隙所形成的废料。

先通过排除以下三个方面的原因：锁模力是否大于型腔压力的总和、模具钢是否有足够的强度来抵抗射出方向上的压力而保证不变形、保证所有模具型腔的分型面和碰擦穿面的配合是否精准无误。

毛边（材料方面）：流动性太大或太小：塑料流动性太大，熔胶太稀，容易渗入模穴各处的间隙，产生毛边。塑料流动性太小，熔胶太稠，需高压才能充模，模板有可能撑开，熔胶溢出，产生毛边。

材料含水率：含水率过高会造成水解，水解会使材料分子量降低，分子链长破坏导致塑料粘度降低，流动性更好。测试含水率一定要达到材料厂商建议的加工值以内。

毛边（模具方面）

①浇口位置不当：浇口位置不当，使得流长太长，需高压才能充模，模板有可能撑开，熔胶溢出，在浇注系统上游处的分模面产生毛边。

②靠破面不良：靠破面至少在产品外缘向外延伸 12mm。再外公母模就相互分离，以保持分模线处模面紧贴，不致溢料。

③承板跨距太大\模板太薄：模板有可能被模穴内的高压撑开导致熔胶溢出，在模板中央处的分模面产生毛边。可在承板和可动侧安装板之间加支撑柱，用来避免被高压射变形。

④模具加工或装配不当：模穴边缘形成过大间隙，熔胶溢出，产生毛边。浇道衬套不可太长，否则公母模无法合紧，造成溢料，产生毛边。

⑤排气口太深或太浅排气口太深时：熔胶溢出，产生毛边。排气口太浅时，包锋不易排出。加压排气时，模板有可能被撑开，熔胶溢出，产生毛边。

⑥钢材太软时：易生凹陷，凹陷若发生在模穴周围，熔胶渗入，产生毛边。

⑦模具钢的腐蚀：钢材的腐蚀多数发生在排气不畅的地方，长时间的气体腐蚀会导致模具钢的损坏，从而产生毛边。高玻纤材料的模具要选择好模具钢材，否则玻纤长时间的冲刷会导致钢材磨损，产生毛边。

毛边（成型工艺方面）

①锁模力不足：锁模力不足时，模板有可能被模穴内的高压撑开，熔胶溢出，产生毛边。

②塑料计量过多：塑料计量过多，过量的熔胶被挤入模穴，模板有可能被模穴内的高压撑开，熔胶溢出，产生毛边。

③料管温度太高或太低：料管温度太高，熔胶太稀，容易渗入模穴各处的间隙，产生毛边。料管温度太低，熔胶太稠，须高压才能填模，模板有可能撑开，熔胶溢出，产生毛边。料温的设定可以参考材料厂商的建议。

④射压过高：射压过高时，模板有可能被模穴内的高压撑开，熔胶溢出，产生毛边。

⑤射速过高或过低：射速过高时，熔胶太稀，容易渗入模穴各处的间隙，产生毛边。射速过低时，熔胶温度降低，熔胶太稠，须高压才能填模，模板有可能撑开，溶胶溢出，产生毛边。每次射压或射速调整的增量以 10% 为原则。

⑥保压时间太长：保压时间太长，高压在熔胶内向低压处传递，熔胶在模穴各间隙处向边缘挤压有可能产生毛边。

⑦模温：模具温度过高溶体在型腔内流动时剪切增加导致料温升高，也会

导致毛边的产生。

⑧其他方面：模板的平行度是否定期检查，确保在规格以内。曲臂的磨损也会导致模具的损坏，模具的尺寸长度方向不能超过模板的长度。

7. 产品常见问题点的分析——浇口喷痕

喷痕

喷痕：浇口附近产生的云状色变。有时会在塑流过程中的阻碍处发现。原因是熔胶破折。

喷痕（材料方面）

塑料干燥不足，塑料湿气重，加热、混炼、推进时，气体混入熔胶中，进入型腔时，产生银线，喷痕现象伴随产生。人们往往忽略干燥的作用，要确定做好树脂的干燥工作。检查干燥器的空气进气管路是否堵塞。空气进不来，树脂的蒸气就带不走，干燥的动作便沦为过场。

模具（模具方面）

①浇口位置和大小不合适：理想的浇口位置要让溶体进入型腔后立即撞击在型腔壁或其他结构上，所谓撞击是指溶体流进型腔时遇阻产生碰撞从而避免喷射。浇口的厚度设计不当也会造成浇口喷痕，一般情况下扁平状的浇口不容易导致喷痕（有时候也需要看产品调整）。

②冷料井太小：浇道冷料井的直径应和浇道衬套出口直径相同，其深度与直径相同或超过直径。

工艺方面

①模温太低导致先进去的溶胶在接触低温的模面时直接凝固与后面进入的溶胶不在同一时间冷却，导致先冷的和后冷的有色差。

②料温太低：料温太低导致流动性差，在溶体进入型腔后快速冷却造成在进胶口附近有黑影。

③射出速度太快：注射速度过快溶体前沿无法贴着型腔壁流动，会以喷射形式穿过浇口附近型腔形成喷痕。

8. 产品常见问题点的分析——流痕

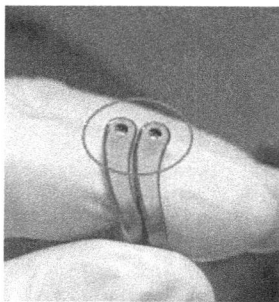

流痕

流痕的定义：型腔内由于高速射出，成型材料喷出，与模具壁面接触后冷却，这部分材料与填充不能融合，而无法得到理想的光泽度。

流痕（材料方面）

①流动性不佳：流长对壁厚比大的型腔，须以易流塑料充填。如果塑料流动性不够好，熔胶愈走愈慢，愈慢愈冷，射压和保压不足以将冷凝的表皮紧压模面上，留下熔胶在垂直流动方向的缩痕，状如年轮。材料厂商根据特定设计，可以提供专业的建议：以不产生溢料的原则下，选用最易流动的塑料。

②采用成型润滑剂不当：一般润滑剂含量在 1% 以下。当流长与壁厚比大时，润滑剂含量需提高，以确保冷凝层紧贴在模面上，直到制品定型。增加润滑剂含量，须和材料厂商设定后进行。

模具

①流道或 / 和浇口太小：流道、流道或 / 和浇口太小，流阻提高，如果射压不足，熔胶波前的推进会愈来愈慢，塑料会愈来愈冷，射压和保压不足以将冷凝的表皮紧压在模面上，改善对策：找出理想的浇道，流道和浇口的尺寸（包括长度和断面有关尺寸和直径等）。

②排气不足：排气不良，会使得熔胶充填受阻，熔胶波前无法将冷凝的表皮紧压在模面上，留下熔胶在垂直流动方向的缩痕，状如年轮。改善对策：在每一段流道末端考虑排气可以避免气体流入型腔。型腔排气更不能轻忽。最好采用全周长排气。

工艺方面

①模温太低：模温太低会使得料温下降太快，射压和保压不足以将冷凝的表皮紧压在模面上，提高模温，保持较高料温，射压和保压将冷凝紧压在模面上，直到制品定型。模温可从此材料厂商的建议值开始设定。每次调整到增量可为 5 度，射胶 10 次，成型情况稳定后，根据结果，决定是否进一步调整。

②射压和保压不足：射压和保压不足以将冷凝的表皮紧压在模面上，留下熔胶在垂直流动方向的缩痕，状如年轮。提高射压和保压，冷凝屑得以紧压在模面上，直到制品定型，流痕无由产生。

③停留时间不当 / 循环时间太短时：塑料在料管内停留时间太短，熔胶温度低，即使勉强将型腔填满，保压时间还是无法将塑胶压实。射料对料管之比，应在 1/1.5 和 1/4 之间。

④料管温度太低：料管温度太低时，熔胶温度偏低，射压和保压不足以将冷凝的表皮紧压在模面上，留下熔胶在垂直流动方向的缩痕。提高料温，射压和保压将冷凝屑紧压在模面上，直到制品定型。料温的设定可以参考材料厂商的建设。料管分后、中、前、喷嘴四区，从后往前的料温设定应逐步提高，每往前一区，增高 5 度 -10 度。若有必要，可将喷嘴区和 / 或前区的料温设定的和中区一样。

⑤喷嘴温度太低：塑料在料管内吸收加热圈释放的热量以及螺杆转动引起塑料分子相对运动产生的摩擦热，温度逐渐升高。料管中的最后一个加热区为喷嘴，熔胶到此应该进到理想的料温，但须进行加热，以保持最佳状态。如果喷嘴温度设定不够高，因喷嘴和模具接触，带走的热量太多，料温就会下降，这种情况需提高喷嘴温度。

9. 产品常见问题点的分析——蛇纹

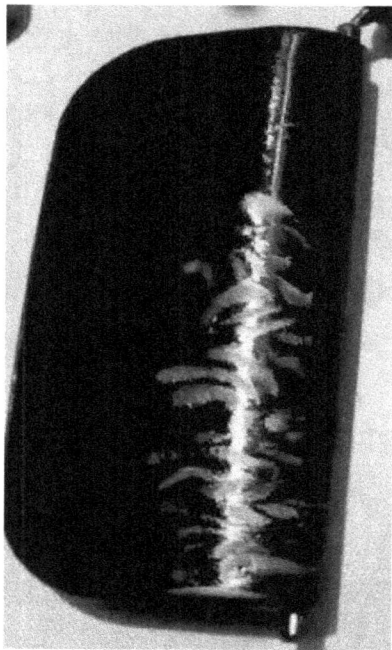

蛇纹

蛇纹的定义：自一受限区域（例如喷嘴或是浇口），到一较厚和开阔的区域，形成的弯曲折叠似蛇的流痕。

产品设计方面：壁厚自薄至厚的断差太大：壁厚自薄至厚的断差太大，塑流又别无选择的自薄处快速地流向厚处，会使得流动不稳，可能产生喷流。

模具方面：

①浇口位置不当：浇口位置不当时，塑流在型腔有自薄向厚的情形，若薄厚断差大，流速又快，则流动不稳，可能产生喷流。

②浇口非冲击型：冲击型浇口将进胶的熔胶导向一金属面，以释除应力，可稳定塑流，避免喷流。重叠式浇口和潜伏式浇口即冲击型浇口很好的例子。

③浇口至型腔，断面突然变大浇口至型腔，断面突然变大时，扇形浇口，塑流得以平稳过渡，喷流得以避免。

成型工艺方面：

①熔胶温度太高或是太低：喷流与熔胶进胶后的膨胀效应以及熔胶性质（例如粘度及表面张力）的变化有关。对大部分的塑料而言，温度降低使得上述的膨胀效应更为明显。

②射速太高：采用最佳化螺杆前进速度曲线，使熔胶波前能够先以一较慢速度通过浇口，一旦熔胶进入浇口下游型腔，螺杆速度可以提高。

10. 产品常见问题点的分析——缺胶

短射的定义：塑胶成型不完整，产品有部分位置欠缺而形成缺口。

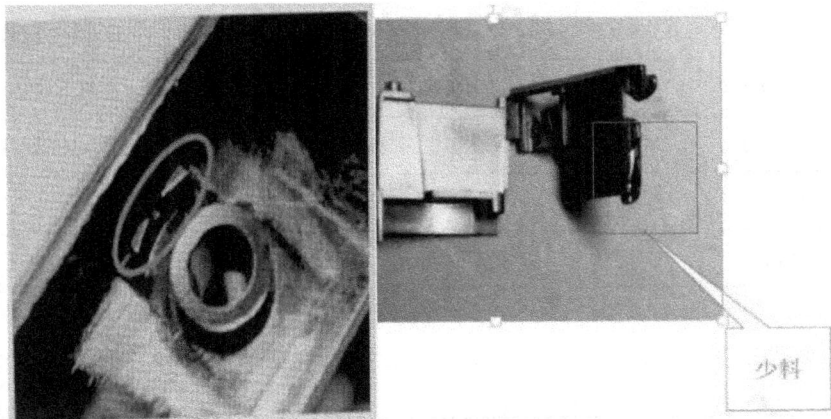

少料

短射

材料方面

①流动性不佳：流长比大的型腔，须以易流塑料充填。如果塑料流动性不够好，熔胶波前行至半途过冷不前，就会短射。材料厂商根据特定设计，可以提供专业的建议。

②含水率不达标：材料没有充分干燥，在充填过程中水分挥发出去会导致产品溶体的粘度受影响进而使得产品短射，也可能排气不畅导致产品短射。

产品设计方面

①壁厚太薄：壁厚太薄，流阻高，如果射压不足，熔胶波前的推进会愈来愈慢，在型腔尚未填满前，即因波前固化而造成短射。每种材料都具有它的极限壁厚，尽可能地不能超过材料的极限壁厚。

塑料制品的最小壁厚及常用壁厚推荐值（单位mm）				
工程塑料	最小壁厚	小型制品壁厚	中型制品壁厚	大型制品壁厚
尼龙（PA）	0.45	0.76	1.50	2.40~3.20
聚乙烯（PE）	0.60	1.25	1.60	2.40~3.20
聚苯乙烯（PS）	0.75	1.25	1.60	3.20~5.40
有机玻璃（PMMA）	0.80	1.50	2.20	4.00~6.50
聚丙烯（PP）	0.85	1.45	1.75	2.40~3.20
聚碳酸酯（PC）	0.95	1.80	2.30	3.00~4.50
聚甲醛（POM）	0.45	1.40	1.60	2.40~3.20
聚砜（PSU）	0.95	1.80	2.30	3.00~4.50
ABS	0.80	1.50	2.20	2.40~3.20
PC+ABS	0.85	1.60	2.20	2.40~3.20

②壁厚差异太大：壁厚差异太大时，在壁厚部分填满以前，塑流在壁薄处的推进会愈来愈慢，有可能因波前固化而造成短射。差异太大时，一定要做过渡处理。一般情况以 1：20 为准。

模具方面

①流道或 / 和浇口太小：流道或 / 和浇口太小，流阻提高，如果射压不足，熔胶波前的推进会愈来愈慢，在型腔尚未填满前，即因波前固化而造成短射。改善对策：找出理想的喷嘴、浇道、流道和浇口的尺寸（包括长度和断面有关尺寸和直径等）。

②浇口的数目或位置不当：无论浇口的数目还是位置不当，都会使得流长太长，流阻太大。如果射压不足，熔胶波前的推进会愈来愈慢，在型腔尚未填满前，即因波前固化而造成短射。

③冷料井未设或设计不当：浇道和每一段流道末端应加冷料井。冷料井的尺寸要恰当，上游不能有阻挡物才不会影响其捕捉冷料的功能。否则任一未捕捉的冷料顺流而下，都有可能堵塞浇口或小的流道，而造成短射。

④排气不足：排气不良，会使得熔胶充填受阻，甚至产生短射。在每一段流道末端考虑排气，避免流道内的气体进入型腔。型腔排气更不能轻忽。浇口对面的分模面上，考虑加排气孔，对应于制品盲孔末端处，考虑加排气顶出销。加装抽真空系统，在充填前和充填时进行抽气，是有效方法。对于某些咬花装饰制品而言，这可能是唯一的排气良方。

⑤型腔不平衡：流道的几何平衡应是设计最基本的原则。即使在流道几何平衡的条件下，也会因剪切导致型腔各穴实际不平衡。正常情况下多穴模具的充填不平衡重量比例应小于 2%，大于 2% 就应该调整。如果要求很高的产品对此要求更高，可以考虑用流道翻转技术克服。

⑥模具其他方面：热流道温度异常、热流道内部漏胶、热嘴堵塞等这些问题也会导致产品缺胶。

注塑工艺方面

①模温太低：模温太低会使得熔胶波前在型腔尚未填满前，即已过冷不前造成短射。提高模温，减少短射几率。模温可从材料厂商的建议值开始设定。

②注塑材料不足：塑料计量过少，注塑的材料不足以填满型腔的每个角落，熔胶固化后自然形成不完全的制品。调整螺杆回程，使得每次射料充足。注意保持 3mm-5mm 缓冲。

③料管温度太低：料管温度太低时，在型腔尚未填满前，熔胶波前即已固

化不动，成型的制品自然不完全。提高料温，使得熔胶波前在型腔填满前，不至于固化到停止的状态。

④背压不足：背压可以增加相对运动的熔胶分子间的阻力和摩擦热。此一摩擦热帮助塑化和促进均匀混炼。背压不足，会使熔胶无法在型腔填满前，即已固化不移。提高背压，使得型腔得以填满。背压可以每次增加 5kg，直到充填完全为止。

⑤射压或射速过低：射压或射速过低，使得熔胶在固化前，无力完成型腔充填的任务，短射因而发生。增加射压或射速自然可以改善。射压和射速是相关联的，同时增加二者并不恰当。因为进行调整前，并不清楚造成短射的原因是射压还是射速。逐一调整，观其后效，再决定下一步动作。每次射压或射速调整的增量以 10% 为原则。

⑥射出时间过短：射出时间太短时，充填动作没有完成前就已经停止，短射确随之而来。射出时间的设定可从 0.5 秒开始。成型结果对射出时间非常的敏感，每次调整射出时间的增量以 0.1 秒为宜，射出 2 到 3 次后，再作下一次调整。

⑦料斗下料口堵塞：料斗下料口即料管进料口，此乃塑料在射出成型机的首战。如果塑料在此处之温度接近树脂的软化点，就有可能相互结合（此谓搭桥），形成路障，使得新料难以进入料管，造成缺料，以致短射。降低料斗下料口温度，此一温度应比树脂的软化点低。可请塑料供应厂商提供此一资料。如果上述温度降不下来，检查料斗下料口周围冷却管路是否堵塞。冷却管路堵塞使得冷却液滞留，冷却液滞留使得冷却效率大为降低，这样料口温度当然居高不下。

⑧止回阀间隙太大：止回阀防止料管内螺杆前的熔胶在射出阶段回流。当螺杆前端、止回阀和料管之间的间隙太大时，止回阀的密封功能丧失，螺杆前端的熔胶回流到其上游的螺杆和料管之间，射料量不足，自然发生短射。塑料如加玻纤补强时，料管内各零件容易磨耗，而使得上述间隙愈来愈大。检查止回阀更换磨损的零件；一般厂家会将止回阀的滑环设计得较其他昂贵的零件来得容易磨耗，可先检查滑环。并量测其他零件的尺寸，和供应商的建议值作对比如果任一零件不在公差之内，将其换新。

⑨喷嘴太小：流阻提高，如果射压不足，熔胶推进会愈来愈慢，在型腔尚未填满前，即因波前固化而造成短射。

⑩射出机料管容量太小：每次射料量应在料管容量的 20% 到 80% 之间。如果射料量大于料管容量的 80%，下一次射出时料管塑化不及，流阻大可能发生短射。模具要装在和其射料量相当的射出机上。当射料量在料管容量的 20% 到 80% 之间，塑化适当，短射不易产生。

⑪其他方面：射嘴堵塞和喷嘴漏胶，机台压力受限等都会导致缺料的存在，也要注意排查。

11. 产品常见问题点的分析——缩水

缩水的定义：成型品表面出现不符合设计要求的局部凹陷（或呈酒窝状或呈沟壑状）。

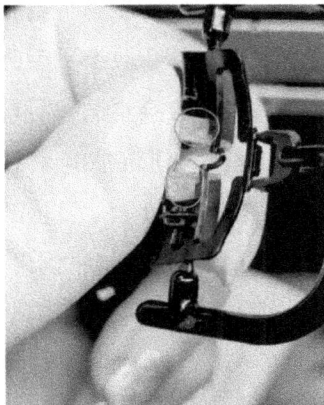

缩水

产品设计方面

肋太厚：肋厚时，肋和底板相遇处也厚，此处塑胶集中时，周围的肋和板先行固化，此肋板交会处的中央仍然保持液态，后凝的塑胶在先固化的塑胶上收缩，对其周围塑胶有吸入的作用。如果任何一处凝结层较为薄弱（一般就在和肋相对的模面处），该处就有可能因为塌陷而形成凹坑。如果凝结层够强，上述肋、板交会处的中央就会形成空洞。肋的厚度以底板厚度的 50% 为宜，甚至可以更薄。

模具方面

①流道或 / 和浇口太小：流道或 / 和浇口太小，流阻提高，如果射压不足型腔无法填实，熔胶密度小发生凹陷或空洞的几率大。改善对策：找出理想的流道和浇口的尺寸（包括长度和断面有关尺寸和直径等），是可行之道。

②浇口的数目或位置不当：无论浇口的数目或位置不当，都会使得流长太长，流阻太大。如果射压不足，型腔无法填实，熔胶密度小，发生凹坑或空洞的几率大。

③模具水路设计不良或堵塞：模具水路设计不良会导致局部集热使得冷却能力下降，型腔表面冷却迟迟不能冷却，导致缩水。

④排气不足：排气不良，会使得熔胶充填受阻，远离浇口端的肉厚处难以打饱。

注塑工艺方面：

①料管温度高：料管温度高时，同等状态下熔胶密度小，冷却时，贴近型腔表面的熔胶先固化成凝结层，塑胶体积收缩，型腔中央的熔胶密度更小，等到中央的熔胶也逐渐固化时，型腔中央会空洞化，空洞的内壁布满拉应力，如果凝结层的刚性不够，就会向内塌陷，形成凹陷。如果凝结层的刚性够，空洞仍留存在制品之中。降低料温，熔胶密度大，发生凹陷或空洞的几率小。

②冷却时间不够（易形成凹陷）：冷却时间不够，塑胶凝结层不够厚，无法抵抗内部熔胶固化收缩时产生的拉力，形成凹陷。

③垫料不足或 / 保压不足：保压压力或保压时间不够，型腔内的塑胶因为压力偏低或补充料不足而填压不实，密度小，发生凹陷或空洞的几率大。垫料不足螺杆到底，不再前移。熔胶冷却收缩螺杆却无法补胶，造成保压不足，发生凹陷或空洞的几率大。垫料至少要有 3mm 才够。

④止回阀失灵：止回阀防止料管内螺杆前的熔胶在射出阶段回流。螺杆推动定量的料前进时，如果止回阀磨损、破裂，熔胶可能滑过螺杆前端、止回阀和料管之间的间隙，产生回流，发生凹陷或空洞的几率大。将止回阀从螺杆前

端移下，检查各接触面，若有碳化的塑胶在面上，请用金属毛刷清除。如果在接触面上发现刻痕、裂缝或坑洞，有此缺陷的零件应当更换。

⑤和肋相对应处的模面温度太高（易形成凹陷）和肋相对应处的模面温度若较其附近高（一般的确如此，因为熔胶集中，热负荷大，模温居高不下），该处凝结层薄，刚性不够，中央的熔胶固化时，有可能将较薄的凝结层向内拉成凹陷。和肋相对应处的模面需加强冷却，降低该处模温，使得凝结层较快形成，当凝结层较厚时，刚性较大，凹陷不易产生。模温设定时可从材料厂商的建议值开始设定。每次调整的减量（或增量）可为5℃-10℃，温度到位后打10模次产品，看产品结果，决定是否进步调整。

⑥保压切换不当：保压切换是指从注射阶段的速度控制切换到保压阶段压力控制的过程。如切换后不能达到保压的设定压力，就会造成补胶不及时导致缩水。

材料方面：材料的粘度和成核剂，材料尽量使用流动性好的材料，如果是结晶材料成核剂会影响结晶度从而影响到产品的收缩率。

12. 产品常见问题点的分析——料花

料花

料花的定义：成型表面沿着塑胶流向出现银色或白色条纹的线条。形成的原因：原料在贮存和成型过程中，吸收潮气，在熔胶内蒸发成水蒸气。水蒸气在接近波前时形成气泡，并逐渐膨胀，气泡到了波前时爆裂，并卷到模面，被拉长成银色条纹状留影在制品表面。

原料方面

①干燥不足

②干燥时温度过高或 / 和停留时间过长。

③其他：原材料污染或原材料内添加剂使用不当也可产生料花。

模具方面

①浇口太小

②浇口或 / 和流道不顺畅

③模具型腔渗水、漏气

④热流道温度异常

⑤排气不足

工艺方面：

①熔胶温度太高

②在螺杆内停留时间过长

③射速太快

④松退过大

⑤螺杆转速太快

⑥背压调整不当

⑦下料口温度不正常或下料不稳定

13. 产品常见问题点的分析——开裂

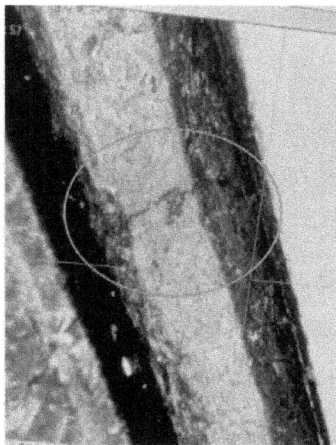

开裂的定义：指产品有裂纹或破裂。

原料方面

①强度不够：薄壳成型时，选择高流动性塑胶是很自然的。但是高流动性塑胶往往不够刚强，残余应力即使不很大，也有可能造成翘曲，甚至开裂。选择塑胶时既要考虑流动性也要考虑到强度。也可以参考材料厂商的建议。

②干燥不足：干燥不足，塑料湿气重，加热、混炼、推进时，蒸气卷入熔胶，熔胶结合不佳，开裂的可能性就大。检查干燥器的空气进气管路是否堵塞。空气进不来，树脂的湿气就带不走，干燥的动作便走具形式使用漏斗型干燥器时，塑料在干燥器内的停留时间，应当连续 2 小时以上。

③其他：材料污染／添加回料也有可能出现开裂问题。

产品设计方面

①制品厚、薄差异太大薄的地方先冷，厚的地方后冷。厚薄差异大时，体积收缩率差距大，残余应力大。当残余应力克服了零件的强度，就会产生翘曲，甚至开裂。有时或许可以平衡但也是治标不能治本，因为无法消除残余应力。当制品移至高温后或其他恶劣环境下，残余应力释放出来，翘曲或开裂还是有可能产生。治本之道是设计产品时尽可能使得制品厚度均一，冷却时体积收缩

率差异小残余应力小，翘曲或开裂的可能自然小。

②制品含尖角（开裂）：尖角使得应力集中，开裂的可能性大。

③嵌件（开裂）：有嵌件时，应充分预热后使用，或选择膨胀系数较接近塑胶的锌、铝以代替刚、铅；否则冷却时，会因为塑胶收缩大、金属收缩小使得塑胶开裂。

模具方面

①浇口的数目或位置不当：无论浇口的数目或位置不当，都会使得流长太长流阻太大，相应的射压也须提高，塑胶分子被拉伸、压挤，机械应力强行加入，残余应力大，容易翘曲，甚至开裂。浇口附近压力高，塑胶体积收缩率小，最后充填处压力低，塑胶体积收缩率大，流长太长时，上下游塑胶体积收缩率差异大，残余应力大，容易翘曲，甚至开裂。采用适当的流长和厚度比。浇口位置的决定，要遵循充填均衡的原因；即各熔胶波前到型腔的末端和形成熔接线的时间基本一致。充填应先厚后薄、先平后弯。这样可以降低残余应力，减少翘曲，甚至开裂。

②流道、流道或/和浇口位置不当时，熔接线结合不好，熔接线处本来强度就弱，裂纹往往从熔接线开始。

③顶出不均：顶出时制品尚热，顶出不同步、不均、不一致，制品容易变形甚至开裂。检查顶出系统，必要时调整顶出速度并润滑所有运动零件。大模具的顶出板必须采用引导衬套，以免模板中央因自重下垂。

④拔模角度太小：拔模角度太小时，制品顶出不易。勉强顶出，制品则有可能开裂。加大拔模角度可以减少开裂的可能。每边拔模角度至少1度以上。如果拔模角度无法加大到理想角度，应采用滑块或其他机构来成型较陡之侧壁。

⑤顶出不当：如果顶出销太细，壁厚太薄，制品在顶出时有可能破裂。顶出速度太快，制品也有可能破裂。冷却时间应当够长，使得制品固化层足以承受顶出的力量，以至脱模。

⑥其他：模具有倒扣也可能导致开裂。

产品工艺方面：

①动、静模温差大：动静模温差大，因冷却产生的残余应力对壁厚的中心

面不对称，弯曲力矩大，容易翘曲，甚至开裂。更改冷却设计，减少动、静模温差，可以减少翘曲或开裂。

②模温太低：模温太低，残余剪切应力大，没有足够的时间将残余应力释放，容易翘曲，甚至开裂。提高模温，可以减少开裂。模温设定时可从材料厂商的建议值开始设定。每次调整的减量（或增量）可为 5℃ -10℃，温度到位后打 10 模次产品，看产品结果，决定是否进步调整。

③料管温度太低：料管温度太低时，熔胶温度低，勉强以高速成型时，残余剪切应力大，又没有足够的时间将残余应力释放，导致容易翘曲，甚至开裂。提高料温，翘曲或开裂的可能减少。

④喷嘴温度太低：塑料在料管内吸收加热圈释放的热量以及螺杆转动引起塑料分子相对运动产生的摩擦热，温度逐渐升高。料管中的最后一个加热区为喷嘴，熔胶到此应该进入到理想的料温，如果喷嘴温度设定得不够高，因喷嘴和模具接触带走的热量太多，料温就会下降，勉强以高速成型时，残余剪切应力大，又没有足够的时间将残余应力释放，容易翘曲，甚至开裂。

⑤熔胶温度太低或射压太高：熔胶温度太低或射压太高都会产生高的残余应力，劣品容易翘曲，甚至开裂。若要减少开裂的可能，熔胶温度要在可用范围内调到最高，射出压力要在可行范围内调到最低。

⑥螺杆速度不当：当熔胶波前速度在型腔内的变化大时，产品表皮层的分子配向以及残余应力的变化也大，翘曲和开裂的可能性大。应调整螺杆速度以确保熔胶波前在型腔内以等速推进，直到型腔填满。

⑦射出时间不当：充填时间或射出时间太短或太长，都需要较高的射压完成型腔的充填。射压高时剪切压力大，相应的残余应力大，翘曲，甚至开裂的可能性大。

⑧保压压力或保压时间不当：保压压力太高，不仅因补充流动而冷凝入塑胶的残余剪切应力高，而且塑胶的应力也高，产品容易翘曲，甚至开裂。保压压力太低，浇口附近发生回流，不仅产生塑胶的残余应力，而且由于制品中央体积收缩率大（低压故），外围体积收缩率小，因内外体积收缩率差异大而产生的残余应力大，容易翘曲，甚至开裂。保压时间短，螺杆松退时浇口附近发生回流，残余应力大，容易开裂。保压压力要适中，保压时间要延长到浇口凝

固为止。

⑨循环时间不当：当冷却时间太短时，塑胶尚软，若被顶出，在没有约束的情况下收缩，容易翘曲，甚至开裂。冷却时间延长到塑胶定型到足够坚强为止；型腔是最好的治具，提供最合身的约束。

⑩缓充不够：缓存不够时，型腔内的塑胶填充不足。塑胶在相对松散的情况下冷却回旋空间太大，容易翘曲，甚至开裂。

14. 产品常见问题点的分析——结合线

熔接线

熔接线的定义：熔胶波前相遇结合时形成的线条。

材料方面

①流动性不佳：流长对壁厚比大的型腔，须以流动性好的塑料充填。如果塑料流动性不够好，熔胶波前愈走愈慢，愈慢愈冷，当熔接线形成时，波前温度已经降得太低，接合不良线条明显。

②添加玻纤太多：当玻纤的长度增加时，熔接线的强度降低。就熔接线的强度而言，短纤比长纤好，磨碎的纤维和珠粒又比短纤好。

产品设计方面

①壁厚太薄或壁厚差异太大。

②波前遇合角太小当波前遇合角小于135℃时，形成缝合线，大于135℃时，形成熔合线。缝合线较之熔合线，两边分子相互分散的少，品质较差。当遇和角在120℃到150℃之间时，熔接线表面痕迹逐渐消失。遇合角的加大或减小，可借制品厚度调整、浇口位置和数目更改、流道位置和尺寸改变等达到目的。

模具方面

①流道、流道或/和浇口位置不当时，熔接线会在外观或强度敏感处产生。流道、流道或/和浇口太小或/和太长，流阻提高，如果射压不足，熔胶波前形成熔接线时，温度已经降得太低，接合不良，线条明显。浇口嵌块的使用，使得浇口尺寸较易修改。浇口从小开始试，增量以10%为原则。譬如0.50mm太小，下次就试0.55mm。

②排气不良：若是排气不良，波前收口处会卷入空气或挥发物，熔接线条明显。有时可在熔接线收口处加一溢料井，成型后再切除之，以改善熔接线的品质。

③其他：模具有油或漏水、漏气也会导致熔接线不良。

工艺方面

①模温太低：模温太低，熔胶波前形成熔接线时，温度已经降得太低，接合不良，线条明显。提高模温，可以改善熔接线品质。模温可从材料厂商的建议值开始设定。每次调整的增量可为5°-10°，温度升到后生产10模次后，根据产品结果，决定是否进一步调整。

②料管温度太低：料管温度太低时，熔胶波前形成熔接线时，温度太低，接合不良，线条明显。提高料温，使得熔胶波前在形成熔接线时，温度适中，线条不明显。熔接线形成时，相遇二波前温度的差异和各波前的温度，以及熔接线形成后压力的大小，决定了熔接线的品质。温度愈低、温差愈大（10℃以上）、压力愈小，品质愈差。

③背压不足：背压可以增加相对运动的熔胶分子间的阻力和摩擦热。此摩擦热帮助塑化和促进均匀混炼。背压不足，会使熔胶无法获得足够的热量。低温熔胶波前形成的熔接线，由于接合不良，线条明显。提高背压，可以改善熔接线品质。

④射压或射速过低：射压或射速过低，熔胶波前形成熔接线时，温度已经

降得太低，接合不良，线条明显。增加射压或射速自然可以改善。射压和射速是相关联的，同时增加二者并不恰当。因为进行调整前，并不清楚造成熔接线明显的原因是射压还是射速。应择一调整，观其效果，再次决定下一步动作。每次射压或射速调整的增量以 10% 为原则。每次调整后，大约要生产 10 模次才可连到稳定状态。

⑤保压压力：熔接线形成后较高的保压压力可以迫使熔接线处的材料紧密结合，增加黏结力使其熔接线更加牢固。

其他方法：

①采用顺序式注塑（需要考虑的是热流道针阀浇口加时序控制器的成本会比较高）。

②抽真空注塑（注意溶体前沿结合处有较大的夹角）。

③公模面做咬花处理（较粗的花纹可以改变溶体汇合时分子链的取向方向使其杂乱汇合）。

④加做电热棒（其原理也是升高结合时的温度）。

⑤变模温技术（急冷急热，高温氮气，红外 / 电磁表面加热等方式）。

15. 产品常见问题点的分析——顶白

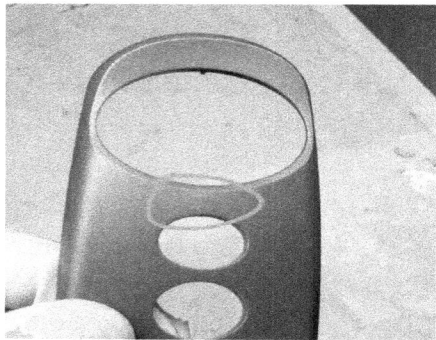

顶白是出现在产品表面顶针位置的一种缺陷，该位置呈现白色踪迹。

材料方面

①材料的黏度大。

②材料中的添加剂或者含水率较高都会出现产品顶白。

成型工艺方面

①保压压力不当，时间过长。

②模具温度不当，模具温度不均匀。

③料管温度设定不当。

④顶出速度太快。

⑤冷却时间不当。

模具方面

①产品脱模角度不够。

②模具排气不良。

③脱模角度不够。

④顶出面积太小。

⑤产品表面粗糙，黏膜。

⑥型腔进胶不平衡。顶针板不平衡导致顶针受力不均。

16. 产品常见问题点的分析——应力痕

定义：产品表面在特定光源和特定角度下才能看到的发亮印记。

应力痕形成的几种原因

①成形时或冷却过程中，成形品内部发生的应力在成形品内部形成残留应力。

②施加于成形品特定部分的过剩压力所致，如直接式浇口部周边的放射状开裂。

③成形品各部分的冷却速率不均匀所致，部品的肉厚不均或冷却水路配置不当，使部品各部分冷却速率不同时，慢冷的部分被先冷的部分拉扯，成为内部应力残留。

④有金属嵌件时，嵌件的热膨胀系数甚异于塑胶材料时，冷却状况不均匀，也会形成开裂。

⑤熔融树脂在模内流动时的配向现象所致，拉伸分子键面发生的应力随着冷却而成为残留应力。

⑥成形溶胶温度高，模温高，压力小产品的内应力残留就小。

17. 产品常见问题点的分析——浮纤

浮纤的定义：只在含有加玻纤的材料时产品表面出现不均匀的白色痕迹。

材料方面：玻纤含量和玻纤形状。

工艺方面

①注射速度慢。

②螺杆温度低。

③模具温度低。

④射出压力和保压压力小。

⑤背压设定不当。

模具方面

①模具排气不畅。

②浇口流道不合适导致流长增加。

18.产品常见问题点的分析——光泽不均

光泽不均的定义：产品表面光泽亮暗不均。

材料方面：添加剂的含量不当。

模具方面

①模具排气。

②模具水路。

③模具表面粗糙度。

④壁厚不均匀。

工艺方面

①料温低。

②模温设定不当。

③注射速度设定不当。

④保压压力和时间设定不当。

⑤背压和螺杆转速设定不当。

尺寸变化：首先应区分好毛边和段差是否含在内，排除产品的变形或外力所致。

成型工艺相关的方面

①保压压力和时间。

②螺杆温度。

③模具温度。

④冷却时间。

⑤注射速度。

模具相关的方面

①模具型腔尺寸是否合适。

②浇口的位置和大小。

③模具水路冷却是否均匀。

④模具排气。

下图是注塑的其他不良以及对策

对策	喷嘴与注口衬套之间泄露树脂	充填不足	螺杆不后退	凹痕	糊斑	雾点	溢料	表面不良	银纹丝	离模不良	注口破损	翘曲弯曲	熔合痕	脆弱	波流痕	冷料	破裂	不均斑点	气泡空洞	流纹
提高注塑压力		●		●			●		●						●				●	●
降低注射压力					●		●			●	●						●			
提高料筒温度		●	●	●		●	●		●				●	●	●	●	●	●	●	●
降低料筒温度		●		●		●	●			●		●							●	
提高保压延长保压时间																			●	
降低保压缩短保压时间							●			●		●			●		●			
提高喷嘴的温度		●		●		●		●					●		●	●		●		●
关闭喷嘴		●																		
完全封闭喷嘴部	●	●		●																
提高螺杆储料速度			●										●			●			●	●

	喷嘴与注口衬套之间泄露树脂	充填不足	螺杆不后退	凹痕	糊斑	雾点	溢料	表面不良	银纹丝	离模不良	注口破损	翘曲弯曲	熔合痕	脆弱	波流痕	冷料	破裂	不均斑点	气泡空洞	流纹
降低螺杆储料速度			●	●	●	●		●	●				●	●			●	●	●	●
喷嘴松弛		●																		
喷嘴的选择不当	●	●		●	●			●								●		●		●
增加锁模力							●													
切换位置提前							●			●		●				●				
降低注射速度				●	●	●		●	●				●							
提高注射速度		●		●		●			●				●	●	●		●	●	●	
提高背压力	●	●		●	●	●			●				●	●				●	●	
降低背压力			●		●															
使用孔径大的开放型喷嘴		●		●	●			●	●				●			●			●	
提高模具温度		●		●		●		●	●				●				●	●		●
降低模具温度			●				●	●		●	●	●		●					●	

	喷嘴与注口套衬之间泄露树脂	充填不足	螺杆不后退	凹痕	糊斑	雾点	溢料	表面不良	银纹丝	离模不良	注口破损	翘曲弯曲	熔合痕	脆弱	波流痕	冷料	破裂	不均斑点	气泡空洞	流纹
研磨模具，把角磨成圆角								●		●										
检查模具		●			●	●	●	●	●	●	●		●				●			●
研磨注口、浇口以及流道						●		●		●	●									
扩大注口以及浇口	●	●		●	●	●		●					●	●	●	●	●		●	●
设定空气排出口		●			●	●		●						●		●				
树脂的预备干燥				●	●	●		●	●					●	●		●	●	●	
材料不干净						●		●	●									●		
料斗是空的，落料口关闭			●		●															
储料用限位开关的设定不当		●		●			●													

	喷嘴与注口衬套之间泄露树脂	充填不足	螺杆不后退	凹痕	糊斑	雾点	溢料	表面不良	银纹丝	离模不良	注口破损	翘曲弯曲	熔合痕	脆弱	波流痕	冷料	破裂	不均斑点	气泡空洞	流纹
在模具处设置适当的冷料井		●		●	●	●		●	●			●	●	●	●	●			●	●
正确调整喷嘴的接触	●	●						●			●					●				
检查喷嘴直径和注口衬套直径																		●		
降低材料供给口的温度			●																	
料斗内形成堵塞		●	●						●											
多模穴的模具要同时充填模槽															●					
进行气压推顶										●										
延长冷却时间以及中间时间				●	●					●	●	●							●	

	喷嘴与注口衬套之间泄露树脂	充填不足	螺杆不后退	凹痕	糊斑	雾点	溢料	表面不良	银纹丝	离模不良	注口破损	翘曲弯曲	熔合痕	脆弱	波流痕	冷料	破裂	不均斑点	气泡空洞	流纹
缩短冷却时间以及中间时间													●							

闻道有先后，术业有专攻。不要因为自己学习的时间短就不如时间长的老员工。知识的海洋无穷无尽，需要我们不断地探索，必须抱着前路漫漫吾将上下而求索的精神去研究和总结，掌握知识是一项持续不断的过程，我们应该不断地学习思考实践才能够领悟其中的真谛。以下是作者自己总结的几点心得：

①勤思、②好问、③理解、④应用。

①勤思：多想一下工作中的事，不要认为是习以为常的事，要擅于发现问题。（就像牛顿发现万有引力一样，大家把苹果掉到树下都认为是最自然不过的事，但是只有牛顿去想什么原因为什么这样，才发现万有引力）发现问题是解决问题的第一步。

②好问：发现问题后分析问题产生的原因。可以查资料，问一些老师傅。看书，上网等各种方式得到结果，可你得到的结果是真是假，是否全面。还要自己去验证，验证也不能一次定结论。可能要两到三次能有结果。要有打破砂锅问到底的精神，不要害怕丢人，更不要不懂装懂。

③理解：经过验证其中的正确结果自己是否理解其中的原因及深层的道理，任何问题都不可能只有一种答案或解决方法，都是多种因素在一起的综合结果。就像生病一样，不可能每次都是一种药可以解决。都是多种药在一起治疗一样的道理、要举一反三彻底理解其中道理。

④应用：把彻底理解的原因和道理运用到以后的生活和工作中，做到融会贯通灵活应用，不断地积累总结。丰富自己的知识库。总结四句话就是发现问题，分析问题，解决问题，积累经验。以上过程中不要怕失败，要有耐心，要

注意细节，每一步的过程都要自己去看去做。不要安排给别人只听汇报和结果，那样往往都得不到真正的答案，反而把自己搞得一头雾水。

第八章　注型成型工艺——塑胶产品及后处理工艺的介绍和测试

1. 塑胶产品外观处理方法介绍

塑胶产品外观处理方法概览塑胶产品因其轻质、耐摔、易加工及成本效益高等特点，在日常生活、工业生产、电子电器、汽车制造等多个领域得到广泛应用。然而，为了满足不同应用场景的审美需求、功能要求及耐用性标准，塑胶产品的外观处理显得尤为重要。以下是几种常见的塑胶产品外观处理方法：

（1）喷涂处理：喷涂是最常见的塑胶产品外观处理方式之一，通过在产品表面喷涂油漆、涂料或特殊功能层，以达到美化外观、增强耐候性、提高耐磨性、赋予特殊功能（如导电、防静电）等目的。包括普通喷漆、UV 固化漆、粉末喷涂等。但是 UV 固化漆因其快速固化、环保节能的特点，所以在塑胶产品表面处理中尤为受欢迎。

（2）电镀处理：电镀是一种在塑胶表面沉积一层金属薄膜的工艺，通过电解作用使金属离子在塑胶表面还原成金属原子并沉积形成镀层。电镀不仅能显著提升产品的美观度，还能增强产品的耐腐蚀性、耐磨性和导电性。常见电镀包括真空电镀（水镀、真空蒸镀、溅镀等）、化学电镀等。真空电镀因其镀层均匀、附着力强、可镀材料范围广而广受欢迎。

（3）丝印处理：丝印，即丝网印刷，是一种通过丝网版将油墨转移到塑胶产品表面的印刷技术。它适用于各种形状和材质的塑胶产品，能够实现复杂图案和文字的精确印刷。

常应用于产品标识、LOGO、图案装饰等，提升产品的品牌识别度和美观度。

（4）烫印处理：烫印，又称热压转移印刷，是将金属箔或彩色箔通过加热加压的方式转移到塑胶产品表面的工艺。这种方法能够赋予产品金属质感或丰富的色彩效果，提升产品的档次和视觉效果。其中包括烫金、烫银、烫彩等。

（5）抛光与磨砂处理：抛光是指通过机械或化学方法去除塑胶表面的粗糙层，使其变得光滑明亮，常用于提升产品的光泽度和手感。而磨砂则相反，通过特殊工艺在塑胶表面形成细微的磨砂效果，以减少反光、增加质感同时提高防滑性能。

（6）激光雕刻与打标：利用激光束在塑胶产品表面进行非接触式雕刻或打标，实现高精度高清晰度的图案、文字或二维码等信息的永久标记。这种方法具有速度快、效率高、无污染等优点。

（7）纹理处理：通过模具设计或后期加工，在塑胶产品表面形成特定的纹理效果，如皮纹、木纹石纹等，以模拟自然材质的外观，增加产品的美观性和触感体验。

塑胶产品的外观处理方法多种多样，每种方法都有其独特的优势和适用范围。在实际应用中，应根据产品的具体需求、成本预算及生产工艺等因素综合考虑，选择最合适的外观处理方式，以达到最佳的产品效果。

2. 塑胶产品的测试介绍

（1）测试项目：RCA 耐磨测试（有漆膜涂层时测试），目的：测试漆膜耐硬物摩擦能力。测试数量：3pcs。

测试条件：用专用的 NORMAN RCA 耐磨测试仪和 NORMAN 生产的专用的纸带，施加 175g 的载荷，带动纸带在样本的表面连续摩擦规定圈数。本实验必须在 40%～60% 湿度的室温房间内进行。纸带保存在 40%±5% 湿度，24℃±2℃的环境中。"o"形圈更换频率不低于 3 个月。

测试方法：测试前检查外观无异常，无变色、气泡、裂口、脱落等，并用无尘布将样品表面擦拭干净；将纸带放入 NORMAN RCA 耐磨测试仪纸轮中（不能放反，两面摩擦系数不一致），纸带仅使用内表面摩擦一次，超过 4 小时不使用，需要在干燥箱中保存；再将样品安装固定，保持与水平面平行，样品被测试区域不可悬空，保证内部有实物填充，调整平衡杆，使得压在油漆涂层表面的重力恰好为 175g，摩擦至规定要求的圈数。

判定依据：测试位置要求不露底材，不同工艺测试圈数要求如下：

喷涂（PU 类油漆）150 圈。喷涂（橡胶漆）50 圈。电镀、150 圈。

（2）测试项目：橡皮耐磨测试（有漆膜涂层时测试），目的：测试漆膜耐软质物体（如皮肤）摩擦的能力。测试数量：3pcs。

测试条件：用 7017R 橡皮擦，施加 500g 的载荷，以 40 次 / 分钟～60 次 / 分钟的速度，以 20mm 左右的行程，在样本表面来回摩擦。

测试方法：①测试前检查产品外观无异常，并用无尘布将样品表面擦拭干净。②将被测试样品固定于测试平台上，在装夹过程中要确保样品表面无变形，且与水平面平行。③测试前将橡皮在 400 目砂纸上打磨水平。④施加共 500g 负载，调节相应的行程。

判定依据：①壳体涂层不允许出现异色、露底材现象。②印刷字体允许有轻微的磨损及褪色，但要求印刷没有被磨透露底时为合格，字体内容仍然完整且清晰可认。③印刷允许出现由于橡皮中粗沙砾造成的单条线状缺失，但是不能造成字体笔画的明显缺失或者明显中断。测试次数标准如下：电镀 /PVD/UV、200 次。PU 喷涂 150 次。橡胶漆喷涂 100 次。印刷、镭雕 30 次。

（3）测试项目：酒精摩擦测试（有漆膜涂层时测试），目的：测试漆膜 /产品耐酒精摩擦的能力。测试数量：3pcs。

测试条件：用无尘布沾满酒精（浓度 ≥99.5%），包在专用的测试头上（包上无尘布后测试透的面积约为 1cm²），施加 500g 的载荷，用专用仪器以 40 次

/ 分钟～ 50 次 / 分钟的速度，40mm 左右的行程（可根据产品调整），在样本表面来回擦拭。

测试方法：①测试前检查外观无异常，无变色、气泡、裂口、脱落等，并用无尘布将油漆表面擦拭干净。②裁剪一小块无尘布，包裹在专用的测试头上（厚度：4 层无尘布，包上布后测试头面积约为 1cm²）。③将被测试样品固定于测试平台上，在装夹过程中要确保样品表面无变形，且与水平面平行（样品测试区域不可悬空）。④施加工 500g 的载荷，调节相应的行程。⑤用酒精浸湿被无尘布包裹的测试头，保证无尘布刚好被浸湿，以浸湿后的无尘布无酒精滴下为原则。⑥摩擦至规定要求的循环。

判定依据：①试验完成后以涂层表面无明显褪色、漏底时为合格；②表面允许刮伤，划伤。测试次数标准如下：电镀 /PVD/UV、200 次。PU 喷涂 150 次。橡胶漆喷涂 100 次。印刷镭雕 30 次。

（4）测试项目：铅笔硬度测试（有漆膜涂层时测试），目的：测试漆膜、产品耐划伤的能力。测试数量：3pcs。

测试条件：用规定硬度三菱试验铅笔芯，以 1kgf 压力，铅笔芯与待测表面的夹角为 45°，在待测位置划 5 笔，每笔长 5 ～ 10mm。

测试方法：①对待测产品表面目检，保证无刮花、划痕、刮伤等异常。②将铅笔削至露出圆柱形铅芯 3mm 长度左右（注意不能损坏笔芯），握住铅笔使其与 400 号水砂纸成 90 度角，在砂纸上面持续划圈以摩擦笔芯端面，直至获得端面平整边缘锐利的铅芯时为止。③装在专用的铅笔硬度测试仪上，施加在笔尖上的载荷为 1kgf，铅笔芯前端接触待测表面，铅笔芯与待测表面的夹角为 45°。以 0.5mm/s ～ 1mm/s 的速度推动铅笔向前滑动约 5mm 长（样品长度不足 5mm 时在样品表面尽量测试），共划 5 条不同位置的线，每划一笔，铅笔旋转 180°，旋转一次之后，重新摩擦笔芯端面，继续测试，即每次摩擦好的笔芯只能测试两次，两次后重新摩擦。

判定依据：PU 漆：硬度 F。UV、橡胶漆：硬度 1H。

（5）测试项目：螺丝柱扭矩测试，目的：测试螺丝柱扭矩强度。测试数量：3pcs。

测试条件：使用标准的螺钉针对产品上的每个螺丝孔测试其扭矩强度。

测试方法：使用适配的标准螺钉、扭力螺丝刀 / 电批，调制要求的力矩，针对每穴产品的螺丝柱打螺丝装配，连续装配 5 次。

判定依据：无螺丝柱开裂、螺丝打滑异常。

（6）测试项目：水煮测试（有漆膜涂层时测试），目的：测试水煮状态下，漆膜的附着力。测试数量：3pcs。

测试条件：80℃ ±2℃的纯净水，将样品水煮 30min

测试方法：①对样品油漆涂层表面目检，保证无刮花、划痕、脱落等异常。②将纯净水加热并保持在 80℃ ±2℃状态。③将试验样品完全浸入热水中，水煮 30min 后取出常温下静置冷却至室温。④检查样本涂层表面有无异常，并进行附着力测试。

判定依据：①水煮完成后，样品在常温下静置 120min 之后检查，不允许存在不可恢复的外观改变。同时应保证水煮过程中以及水煮完成后，在任何情况下，油漆涂层都不允许起泡、起皱、脱落。②在常温下静置 120min 之后，进行附着力测试，要求产品涂层达到 4B（脱落面积小于 5%）要求，丝印不做要求。

（7）测试项目：高温和低温存储测试，目的：测试高温和低温环境下对产品的影响。测试数量：5pcs。

测试条件：①低温试验温度值：-40℃ ±3℃。低温保持测试时间：96H。②高温试验温度值：70℃；高温保持时间：96H。③高低温箱温度变化速率：1℃ /min。

测试方法：①测试前检查外观无异常，无变色、气泡、裂口、脱落等，并用无尘布将油漆表面擦拭干净；②样品放入温箱，调节温度箱温度至规定的温度，保持规定时间；③检查油漆涂层 / 产品外观后常温放置 2H。④针对有漆膜的产品需按附着力方法测试附着力。

判定依据：①样品外观无裂纹、起泡、变色、油漆脱落等异常；②针对有漆膜的产品，常规附着力测试达到 4B。

（8）测试项目：温度冲击测试，目的：测试快速温变环境下对产品的影响。测试数量：3pcs。

测试方法：①温度范围 -30℃ ±2℃到 60℃ ±2℃；②温变切换时间＜ 5 分

钟；③高低温各自存储 30min 为 1 个循环；④一共 150 个循环。

测试方法：①测试前检查外观无异常，无变色、气泡、裂口、脱落等，并用无尘布将油漆表面擦拭干净。②将样品放入温度冲击试验箱中，先在 -30℃±2℃的低温环境下，保持 30min。③在 5 分钟内，将温度切换到60℃±2℃的高温环境下，保持 30min。④一共 150 个循环。

判定依据：①样品外观无裂纹、起泡、变色、油漆脱落等异常。②针对有漆膜的产品，常规附着力测试达到 4B。

（9）测试项目：恒定湿热测试，目的：评估在恒定湿热气候条件下对产品或表面涂层的影响。测试数量：3pcs。

测试条件：①测试温度为 60±2℃，相对湿度 90%～95%。②测试时间为96H。

测试方法：①样品放置在 60℃±2℃相对湿度 90%～95% 环境下持续96H。②试验后样品在常温下恢复 2 小时后，擦拭干净，检查外观。

判定依据：①样品外观无裂纹、起泡、变色、油漆脱落等异常。

针对有漆膜的产品，常规附着力测试达到 4B。

（10）测试项目：交变湿热测试，目的：评估在交变湿热条件下对产品或表面涂层的影响。测试数量 3pcs。

测试条件：起始湿度 95%，温度 25℃，3H 升至 55℃，湿度 95%，保持9H，3H 降至 25℃，湿度 95%，保持 9H，此为一个循环。

共执行 3 个循环，测试结束后常温静置 2H 全检。

测试方法：①将产品放置在温箱中，测试样品之间及测试样品与温箱内壁之间的距离不小于 3cm。②设置温箱的温度从常温（25℃）升至 55℃，同时将温箱内的湿度升至 95%RH，整个升温过程为 3H，待温湿度都稳定后保持 9H。③设置温箱的温度从 55℃降到常温（25℃），湿度保持在 95%RH，整个降温过程为 3H，待温湿度都稳定后保持 9H。④步骤 2-3 为一个循环（24H），执行 3个循环测试（72H）。⑤取出产品，检查产品外观及性能。

判定依据：①样品外观无裂纹、起泡、变色、油漆脱落等异常。②针对有漆膜的产品，常规附着力测试达到 4B。

（11）测试项目：耐化妆品测试（只针对外观件），目的：评估在化妆品对产品或表面涂层的影响。测试数量：10pcs。

测试条件：①将不同种类化妆品（护手霜、防晒霜、食用油、粉底液、油脂、发蜡、护发素）均匀地涂抹在产品涂层上。②需在 55℃ ±2℃ 相对湿度 90%～95% 环境下放置 48H。

测试方法：①先用无尘布将产品表面擦拭干净，将试验用化妆品（护手霜、防晒霜、食用油、粉底液、油脂、发蜡、护发素）均匀涂在产品漆膜表面。②将涂上化妆品的样品放在 55℃ ±2℃ 相对湿度 90%～95% 的恒温恒湿箱内，保持 48H。③将产品取出，将表面化妆品用干净的棉布擦拭 30s，在常温环境下恢复 4H 后再用打湿的棉布擦拭 30s 后观察。

判定依据：①样品外观无裂纹、起泡、变色、油漆脱落等异常。②针对有漆膜的产品，常规附着力测试达到 4B。

（12）测试项目：耐汗液测试（只针对外观件和拆卸时容易触碰的物件），目的：评估汗液对产品外观、性能的影响。测试数量：5pcs。

测试条件：①试验样品经过酸性人工汗液和碱性人工汗液作用，在 55℃ ±2℃ 相对湿度为 90%～95% 环境下放置 48H。② 酸性汗液配置方法：NaCl（4.5g），KCl（0.3g），Na_2SO_4（0.3g），NH_4Cl（0.4g），$CH_3CH（OH）COOH$（3.0g），H_2NCONH_2（0.2g），H_2O（1000ml），然后用 NaOH 去调剂直到 PH=4.7。③碱性汗液配置方法：$NaHCO_3$（4.2g）；NaCl（0.5g）；K_2CO_3（0.2g）；H_2O（1000ml）；按此配方配出的就是 PH=8.8。

测试方法：样品不包装将表面清洁干净，将人工汗液浸泡后的无纺布贴在产品表面上并用塑料袋密封好，在温度为 55±2℃ 相对湿度为（90%～95%）环境下放置 48H 后取出，将产品表面的汗液擦拭干净后在常温下恢复 4 小时。

判定依据：①试验后检查样品，外观表面应无变色、气泡、油漆脱落等异常，允许出现可用绒布抹掉的浅灰斑。②低纯度金合金覆盖层允许轻微变暗，但不允许出现锈蚀和盐析。③附着力需要达到常规附着力测试等同的要求。

（13）测试项目：耐脏污测试（只针对外观件），目的：测试产品耐脏污能力。测试数量：3pcs。

测试条件：使用 ZEBRA 油性笔（型号：M0-120-MC，细头测试），油性笔与涂层表面呈约 90° 角，施加约 1—2N 的力在涂层表面匀速画出 5 条 5—

10mm 的笔迹，常温静置 10min 后立即酒精（浓度 ≥99.5%）擦拭表面。

测试方法：①试验前检查外观无异常，无变色、气泡、裂口、脱落等，并用无尘布将表面擦拭干净。②使用 ZEBRA 油性笔保证油性笔与涂层表面呈约 90° 角，并施加 1—2N 的力在涂层表面匀速画出 5 条 5—10mm 的笔迹。③常温静置 10min 后，用蘸取酒精的无尘布，施加约 5—8N 的力擦拭表面 20 个往复后检测产品外观。

判定依据：①擦拭后无痕迹残留，起始及终止位置允许轻微残留。

② 3D 纹理设计的凹陷位置有残留可以接收。

（14）测试项目：UV 测试（只针对外观件），目的：评估太阳光照射对产品的影响。测试数量：3pcs。

测试条件：使用紫外线老化试验机模拟太阳光破坏作用，测试产品抗 UV 性能。

测试方法：① 在标准检视条件和检视动作下，对测试样品进行初检，确认外观是否存在外观缺陷（如、同色点、异色点、气泡、起皱、发白、脏污、裂纹、色泽不均等）。②用无尘布将外观表面擦拭干净。③用锡箔纸将测试样品需要测试的区域遮住一半，保证在测试时样品在测试时该区域不能被光线照射到。④将被测试样品放置在试验箱中，被测样品在模拟太阳辐射和温度下进行 1 个循环为 24 小时的测试，具体为在干热 40℃下，太阳辐射强度为 1120W/㎡（340nm 波段辐照度为 0.55W/M2），保持 20 小时，再关闭太阳辐射源 4 小时，一个测试周期为 3 个循环。⑤测试完成后，待样品恢复到常温，在标准检视条件和检视动作下，确认样品外观是否新增外观缺陷（如、同色点、异色点、气泡、起皱、发白、脏污、裂纹、色泽不均等），且测试前的外观缺陷没有加严重变化。⑥将样品擦拭干净，用色差仪对测试样品被照射老化区域和锡箔纸遮挡区域进行色差测试，测出两个区域的颜色色差值。⑦若色差测试 OK，进行附着力测试（针对有涂层产品）。⑧有透过率要求产品需进行 UV 测试后的透过率测试。

判定依据：产品表面外观正常。试验完成后，产品表面没有裂纹，有透过率要求产品透过率符合要求。实验前后产品表面涂层目视无可视变化。

①目视后没有变色可接受

②目视后有变色，色差满足如下要求可接受

a. 普通产品（手机、MBB、家庭产品彩色和白色喷涂）色差 σE≤1.5

b. 黑色 & 灰色产品（喷涂和免喷涂产品）色差 σE≤2.0

c. 白色 ABS 材料产品（家庭类免喷产品）色差 σE≤2.0

d. 镜片（非 lcd lens）表面色差 σE≤2.0

（15）测试项目：表面张力测试（只针对有粘胶、印刷需求的产品表面），目的：测试出产品表面张力，评估产品表面是否适合印刷。测试数量：3pcs。

测试条件：①达因笔要求：品牌为 Arcotest，保质期为半年，超过保质期之后需要更换新达因笔进行测试。常温下存贮（温度为 25±5℃），避免阳光直射，每次使用后盖紧笔盖。②测试要求：测试样品在对应达因笔测试条件下，痕迹 5S 内完全不收缩。③测试对象：图纸指定的用于粘胶、印刷的样品表面。

测试方法：①检查产品待测面，确保未被手指、汗液或其他介质污染，测试前样品不允许使用任何方式处理（如酒精擦拭）。②将样品放置水平台上（如果产品粘胶部位有保护膜的，则撕掉保护膜）。随机选取产品点胶/粘胶区域，使用 Arcotest 的测试笔，笔尖与测试面成垂直 90° 角，施加 3—5N 的力在 2 秒内画一条 2—3cm 长的直线。③画完整条线 5 秒内观察笔迹收缩情况，以 5s 为观测点，5s 后的情况不关注。

判定依据：使用 32 达因笔，痕迹 5s 内完全不收缩，达到 32 级别（图纸指定达因值时以图纸要求为准）。

（16）测试项目：双 85（85℃，85%RH）测试，目的：该试验主要是使测试样品在长期高温高湿环境下加速老化，验证产品的寿命耐久能力。测试数量：8pcs.

测试条件：测试环境预置条件

TH（试验温度值）：85℃

RH（试验湿度值）：85%

Tk（温度稳定时间）：168H，336H，480H

各检查一次电气功能

Tc（样品恢复时间）：24H

测试方法：①测试样品与温箱内壁之间的距离不小于 5cm。②在 1h 内将温度升到试验温度 85℃，85%RH，保持温度和湿度。③第 168H，336H，480H 检查一次结构件外观，并将检查结果填写在测试记录表中。

判定依据：显微镜重点观察结构有无开裂。

（17）测试项目：盐雾测试，目的：该试验主要是确定表面处理层对盐雾气候环境影响的抵御能力。测试数量：10pcs。

测试条件：在 35℃ ±2℃的密闭环境中，湿度 >85%，PH 值在 6.5-7.2 范围内，用 5% ±1%的 NaCl 溶液连续 48h 对产品表面进行盐水喷雾。

测试方法：①测试前检查外观无异常，无变色、气泡、裂口、脱落等，并用无尘布将表面擦拭干净。②产品表面模拟市场使用的情况（正面暴露）安放在实验箱中，放置在盐雾箱中的夹具上，样品之间保持独立。③产品表面暴露在盐雾环境条件中，持续进行喷雾。④试验结束后，将产品从实验箱中移出，检查样品外观，之后使用不高于 38℃的温水进行轻柔的冲洗，并用无尘布擦拭干净，常温放置 2 小时后检查样品。

判定依据：测试后产品表面无腐蚀，变色，脱落等不良情况为 OK。有表面处理层的需要进行附着力测试。

（18）测试项目：水煮测试，目的：该实验主要是评估基材和涂层之间的附着性能，也属于一种加速老化试验。测试数量 10pcs。

测试条件：80℃ ±2℃的纯净水，将样品水煮 30min。

测试方法：①测试前检查外观无异常，无变色、气泡、裂口、脱落等，并用无尘布将表面擦拭干净。②将纯净水加热至并保持在 80℃ ±2℃状态。③将试验样品完全浸入热水中，水煮 30min 后取出，常温下静置 2 小时后检查样本涂层表面有无异常。

判定依据：①水煮完成后，样品在常温下静置 120min 之后检查，不允许存在不可恢复的外观改变。同时应保证水煮过程中以及水煮完成后，在任何情况下，油漆涂层都不允许起皱、脱落和气泡。②在常温下静置 120min 之后，进行附着力测试，要求产品涂层达到 3B 及以上。

（19）测试项目：口红浸染，测试目的：该实验主要是评估基材和涂层对口红化妆品腐蚀的抵抗力。测试数量：3pcs.

测试条件：均匀涂上口红并室温放置 24 小时。口红的品牌型号：美宝莲水晶胶原唇膏晶莹系列或美宝莲 color show 唇膏 205#。

测试方法：①测试前检查外观无异常，无变色、气泡、裂口、脱落等，并用无尘布将表面擦拭干净。②产品表面选取 3 个 1*1cm² 方格，均匀涂上口红。③常温放置 24 小时。④棉布蘸取纯净水擦拭样品表面，10 个往返擦拭，观察是否有口红渗透痕迹。

判定依据：10 个往复擦拭，样品表面无痕迹残留，必要时与测试前样品对比。

（20）测试项目：香水浸染测试，测试目的：该实验主要是评估基材和涂层对香水腐蚀的抵抗力。测试数量：3pcs。

测试条件：产品所有外观面，均匀涂上香水，常温放置 24 小时。

测试方法：①试验前检查外观无异常，无变色、气泡、裂口、脱落等，并用无尘布将表面擦拭干净。②产品所有外观面，均匀涂上香水。③常温放置 24 小时。④棉布蘸取纯净水擦拭样品表面，10 个往返擦拭，观察是否有香水渗透痕迹。⑤香水型号：CK 男士女士中性淡香水。

判定依据：10 个往复擦拭样品表面无痕迹残留，必要时与测试前样品对比，镭雕部分不用蘸取酒精擦拭。壳体不允许肉眼可见裂纹等异常。

（21）测试项目：钢球跌落测试，测试目的：模拟用户在产品使用过程中的磕碰场景以及重物落到产品上的场景，检验产品抵抗钢球冲击能力。测试数量：3pcs。

测试条件：单壳测试或装配后测试。测试点位：中心点和四周 3、6、9、12 点。

测试方法：①测试前初检，保证产品机械、外观和电气功能等正常，并将测试数据填写在测试记录表中。②设置好钢球跌落高度，钢球下底面距离产品测试点位置高度为规定值，产品放置于钢性载板上。③打开激光器将产品测试点向上，对准激光器标定位置。④打开电磁开关，吸入钢球，释放钢球，进行冲击并应设法避免钢球的二次冲击。

判定依据：测试后相关部位不能肉眼可见的裂纹或其他机械损伤。

（22）几种涂层附着力测试方法及测试要点

介绍：在产品表面施加涂层处理不仅可以显著改善产品的外观，增加产品的艺术性和美观，还增加了产品表面耐磨性和耐腐蚀性，起到保护产品的作用。因此，涂装涂层已成为现代产品制造工业中必要的表面处理工艺流程。涂层在产品或基材上的附着性是涂层质量控制的重要参数，对确保涂装质量、产品外观及使用寿命有着极大影响。

如果涂层附着性能差，极易出现涂层开裂或脱落现象，不仅影响产品外观，还无法起到对产品的保护作用。选择适用的、科学的试验方法来评价涂层附着强度极其重要。涂层附着力测定是判断涂层附着强度常用的试验方法，是评价涂层或涂层体系最重要的技术指标之一。目前国内外有多个方法标准和产品标准规定了涂层附着力测定方法，主要分为4类：划格法、划叉法、划圈法和拉开法。以下是这几种附着力测定方法，并对测试方法的选择提出了建议。

涂层附着力测试方法

①划格法

划格法是利用单刃刀、多刃刀或仪器设备，将涂层切割成方格图形，使用软毛刷或压敏胶带将疏松涂层除去后，目视或使用放大镜检查试验涂层的切割区域，根据涂层脱落情况对实验区域进行评级，以此来评价涂层附着性能，划格示意图见图1。

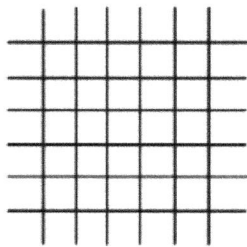

图 1 划格示意图
Fig.1 Cross-cut diagram

GB/T9286—2021、ISO2409：2020、ASTM D3359—23 方法 B 都有对划格法适用范围和操作方法的明确规定。GB/T 9286—2021 和 ISO 2409：2020 指出，划格法不适用于总厚度＞250 μm 的涂层，对总厚度＞250μm 的涂层，推荐使用 ISO 16276-2 中的划叉法。ASTM D3359-23 方法 B 划格法适用于总厚度＜125μm 的涂层，对于厚度＞125 μm 的涂层，推荐使用方法 A 划叉法。试验过程中，切割间距和切割道数的选择取决于涂层厚度和底材类型，见表 1。

表 1 划格法相关参数要求
Tab.1 Related parameters of cross-cut adhesion test

标准	涂层厚度/μm	基材	划格间距/mm	切割道数/道
GB/T 9286—2021 ISO 2409:2020	≤60	硬质	1	6
	≤60	软质	2	6
	61~120	硬质和软质	2	6
	121~250	硬质和软质	3	6
ASTM D3359-23 方法 B	≤50	/	1	11
	51~125	/	2	6

使用划格法测试涂层附着力，需要注意以下几点：a. 试验前需要注意根据选用的标准、涂层厚度及基材情况选择正确的划格间距及切割道数；b. 需要确认所选用的切割刀具呈 V 字形且刀刃情况良好，刀具夹角在 15 ～ 30°，如图 2 为单刃刀具的示意图；c. 试验过程中需要注意固定好涂层样品、导向或间隔装置，避免划线过程中样品或装置出现滑动；d. 划线时需要保证刀刃能划透整个涂层，确保所有切割都在底材上留下痕迹或划伤底材。GB/T 9286—2021 和 ISO 2409：2020 要求底材上的深度应尽可能浅；e. 为了确定漆膜脱落情况，对于 GB/T 9286—2021 和 ISO 2409：2020 规定可用软毛刷、压敏胶带或压缩空气或氮气除去疏松涂膜。ASTM D3359-23 方法 B 指定用胶带除去疏松涂膜；f. 关于胶带的选择，GB/T9286—2021 和 ISO 2409：2020 仅提到了压敏胶带，未指定型号。ASTM D3359-23 方法 B 规定所用胶带应为 25 mm 宽的透明或半透明压敏胶带，胶带剥离强度在 6.34 N/cm（58 oz/in）和 7.00 N/cm（64 oz/in）之间；g. 关于划格位置和数量，GB/T 9286—2021 和 ISO 2409：2020 要求在试板上至少 3 个不同位置进行试验，如果 3 次结果不一致，差值超过一个单位等级，在另外 3 个位置重复试验。ASTM D3359-23 方法 B 要求在不同位置进行 3 次试验；h. 关于测试结果的评价，GB/T9286—2021 和 ISO 2409：2020 规定根据涂层脱落的情况分为 0 ～ 5 共 6 个等级。其中 0 级指切割边缘完全平滑，网格内涂层无脱落，5 级指涂层脱落程度超过 65%。ASTM D3359-23 方法 B 中规定，测试结果根据涂层脱落情况分为 5B ～ 0B 共 6 个等级，其中 5B 指网格内涂层脱落为 0%，0B 指网格内涂层脱落＞ 65%。除了以上提到的 3 个标准，一些产品标准或企业标准也规定了划格试验的具体方法。

比如 GB/T9755—2014 合成树脂乳液外墙涂料中规定附着力按 GB/T 9286

的规定进行，并且要求用单刃刀具沿样板长边的平行和垂直方向各平行切割 3 道，每道间隔为 3 mm，网格数为 4 格。

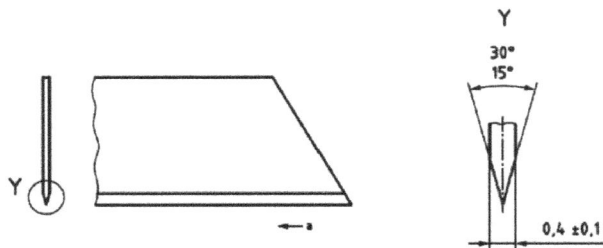

图 2 具有 V 型刀刃的刚性刀片切割器
Fig.2 Rigid blade cutter with V-shaped blade

②划叉法

划叉法是利用锐利的刀具切割并穿透涂层，形成"×"形切口。用胶带除去松散涂层后，根据观察到的破坏程度进行评级，进而评价涂层的附着性能，划叉示意图见图 3。GB/T 31586.2—2015、ISO 16276-2：2017 和 ASTMD3359-23 方法 A 中都有划叉法的明确规定。GB/T31586.2—2015 和 ISO 16276-2：2017 指出，划叉法不受涂层厚度的限制，对于硬涂层可能不适合使用划格试验时，应采用划叉法。同时规定，切割时每道切割线约 40 mm 长，两道切割线间的交叉角度应在 30 ～ 45°。ASTM D3359-23 中指出，对于厚度 > 125 μm 的涂层，推荐使用方法 A 划叉法。同时也规定，切割时每道切割线约 40 mm 长，两道切割线间的交叉角度应在 30 ～ 45°。

图 3 划叉示意图
Fig.3 X-cut diagram

使用划叉法测试涂层附着力，需要注意以下几点：a. GB/T 31586.2—2015 和 ISO 16276-2：2017 划叉法所用到的试验刀具和胶带与 ISO 2409 中对试验刀具和胶带的要求一致。ASTM D3359-23 方法 A 划叉法所用到的试验刀具和胶带与 ASTMD3359-23 方法 B 中对试验刀具和胶带的要求一致。测试前需要确认所选用的切割刀具呈 V 字形且刀刃情况良好，刀具夹角 15 ～ 30°；b. 试验过程中需要注意固定好涂层样品和辅助工具，避免划线过程中样品或辅助工具出现滑动；c. 划线时需要保证刀刃能划透整个涂层，确保所有切割都在底材上留下痕迹或划伤底材；d. 关于测量次数，GB/T 31586.2—2015 和 ISO 16276-2：2017 根据检查区域定最低测量次数。当检查区域 ≤1 000 m 2 时，要求每满200 m 2 的面积或剩下不足 200 m 2 的各进行 1 次测量。当检查区域 > 1 000m2时，要求做 5 次测量，并要求面积每增加 1000m 且增加不足 1000m2 时各增加1 次测量。ASTM D3359-23 方法 A 要求在不同位置进行 3 次试验；e. 关于测试结果的评价，GB/T31586.2—2015 和 ISO 16276-2：2017 规定根据涂层脱落的情况分为 0 ～ 5 共 6 个等级，其中没有涂层的剥落或分离的情况为 0 级，在切割区域外有涂层脱落的情况为 5 级。ASTM D3359-23 方法 A 中规定，测试结果根据涂层脱落情况分为 5A ～ 0A 共 6 个等级，其中涂层没有剥离或脱落为 5A 级，在切割区域外有涂层脱落为 0A 级。

③划圈法

划圈法附着力是将试板固定在一个可移动的平台上，在平台移动时，使用一个长针划透涂层，形成重叠的圆滚线，依据圆滚线划痕范围内的涂层完整程度进行评级，以级别来表示涂层的附着力，划圈示意图见图 4。GB/T 1720—2020 规定了划圈试验相关要求。标准规定，划圈法适用样品底材为马口铁版或钢板的涂漆板。试验设备为手动 / 自动漆膜划圈试验仪。

图 4 划圈示意图
Fig.4 circle-drawing diagram

划圈试验应注意如下几点：a. 试验前应检查转针针尖锐利程度，并按供应商推荐的使用次数定期更换转针；b. 试验中应固定好涂漆板样品，并将涂漆面朝上固定；c. 试验过程中应均匀摇动摇柄，转速控制在 80 ～ 100 r/min；d. 试验后应用软毛刷除去划痕上的漆屑；e. 观察划痕时应在自然日光或人造日光下，如有需要可采用 4 倍放大镜；f. 试验结果的表示是按圆滚线划痕上 1 ～ 7 个部位相应分为 7 个等级，1 级最好。如图 5，按顺序检查各部位漆膜的完整程度，某一部位的格子有 70% 及以上完好，则定为该部位是完好的。如部位 1 漆膜完好定为 1 级；部位 1 漆膜坏损而部位 2 完好，定为 2 级。依此类推，7 级为结果最差；g. 应进行 3 次试验。

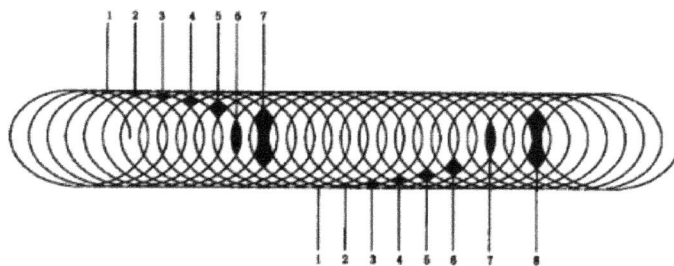

图 5 划圈试验结果示意图
Fig.5 circle-drawing test result diagram

采用 GB/T 1720—2020 这种经验性的试验方法测得的性能，除了取决于该涂料对底材的附着力外，还取决于其他各种因素，因此不能将这个试验方法看作是测定附着力的一种方法，但可用于评定漆膜从底材上的脱落程度。

④拉开法

拉开法附着力是用胶黏剂将试柱直接粘接到涂层表面上，通过拉力试验机将粘接的试验组合拉开，测出破坏涂层和底材间附着所需的拉力，用拉力 / 试柱面积得到的破坏强度来表示试验结果，单位为 MPa。单试柱法拉开试验结果意图见图 6。GB/T5210—2006、ISO 4624：2016、ASTM D4541-22 都规定了具体的测定方法。

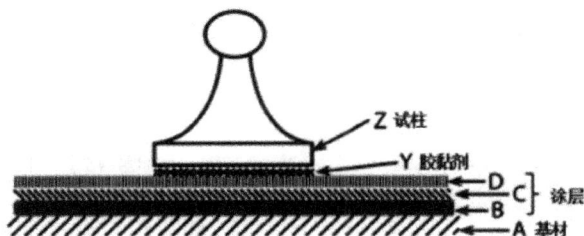

图6 单试柱法拉开试验示意图
Fig.6 Single column method pull-off test diagram

GB/T 5210-2006 和 ISO 4624：2016 根据样品情况分为 3 个试验方法：a. 在坚硬的和易变形的底材上通用的试验方法（使用两个试柱）；b. 使用单个试柱从单侧进行试验的方法（仅适合坚硬底材）；c. 试柱法（其中一个试柱作为已涂漆底材）。试验时压力应以均匀的且不超过 1 MPa/s 的速度稳步增加，使破坏过程在90s 内完成。要求至少进行 6 次测量。ASTMD4541-22 根据测试设备等方面的不同，规定了 A～F 共 6 种测试方法。并规定试验时压力应以均匀的且不超过 1MPa/s 的速度稳步增加，使破坏过程在 100 s 内完成。另外，标准 GB/T 31586.1—2015 规定了厚度 ≥10 mm 的钢底材上任意厚度的防护漆涂层拉开强度的评定方法。

拉开试验应注意如下几点：a. 测试前需要注意选择合适试柱，并注意所用试柱的直径，便于测试后正确计算结果；b. 测试前需要注意所选用的胶黏剂要能和涂层与试柱粘接牢固。胶黏剂及其未混合的组分在于涂层接触相当于胶黏剂固化时间的这段时间内，对受试涂层几乎未产生或没有产生可察觉的变化；c. 测试前需要将试柱表面和涂漆板表面打磨粗糙，便于更好地将试柱粘在涂漆板表面；d. 试验过程中需要使拉力能均匀地作用于试验面积上而没有任何扭曲动作；e. 试验结束后，有可能发生界面间的附着破坏，也有可能发生涂层自身的内聚破坏，需要根据标准要求确定破坏类型。关于拉开法试验样品的破坏类型，上述标准都提到了需要根据拉开的断面来确定。其中 GB/T31586.1—2015 给出了破坏类型的描述，见图7。

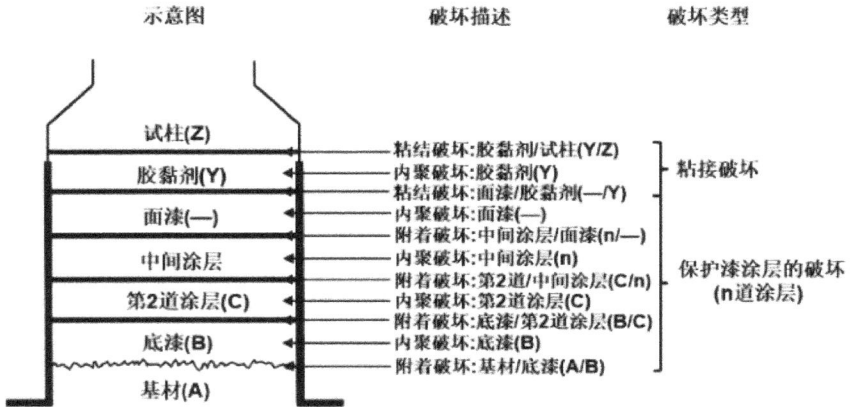

图 7 破坏类型的描述

Fig.7 Description of the type of destruction

正确评价破坏类型，有助于试验人员科学评价试验成功与否，也有助于指导科研人员改进涂层配方。如果发生了粘接破坏，则说明选用的胶黏剂不合适，可考虑更换其他类型胶黏剂重新试验。如果发生了涂层的附着破坏或内聚破坏，可考虑提高涂层间的附着强度或对应涂层的内聚强度。评价破坏类型时需要结合断面情况和试柱情况一起评价，只根据断面情况评价极易导致评价错误。

图 8 中给出了样品 A 和样品 B 的断面情况和试柱情况。只看样品 A 的断面情况，无法判断是涂层的内聚破坏还是涂层与胶黏剂的附着破坏。样品 A 的试柱可以看到近 60% 为涂层，近 40% 为胶黏剂，所以样品 A 的破坏类型包括了涂层的内聚破坏和涂层与胶黏剂间的附着破坏。同样，只看样品 B 的断面情况，能看到近 50% 的底漆和近 50% 的第 2 道涂层，无法判断是内聚破坏还是附着破坏。而样品 B 的试柱只看到了第 2 道涂层，所以可以推断，样品 B 的破坏类型包括第 2 道涂层的内聚破坏，也包括底漆与第 2 道涂层的附着破坏。

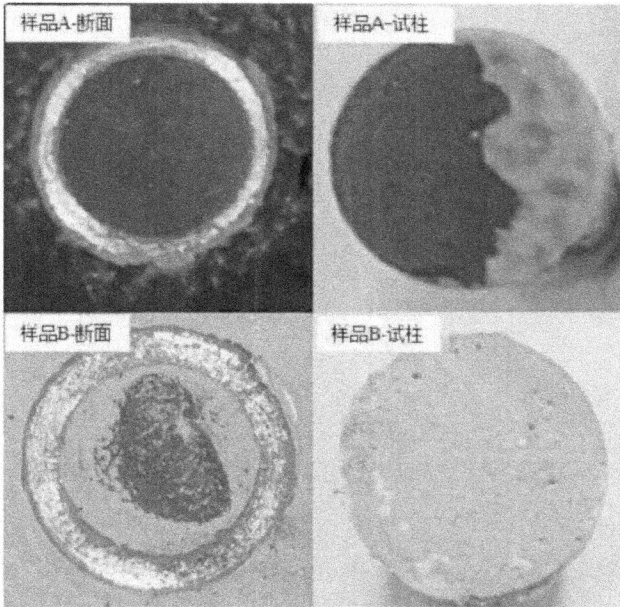

图 8 涂层断面及试柱形貌
Fig.8 Coating cross-section and dollies morphology

⑤结语

a. 涂层附着强度与涂料本身的物理性质、底材的材质和粗糙度、预处理等因素都有关。不同树脂与固化剂表面张力和化学能不同，选用低相对分子质量的树脂可以赋予涂层交联后出色的附着力。基料和助剂的添加也对附着力有较大影响。一般基料在配方中占比越大，附着力越好。另外也可以通过添加催化剂提高交联密度，进而提高附着力。不同涂料体系提升涂层附着强度的方法不同，研发人员需根据涂料体系特点进行配方设计。

b. 除了上述提到的附着力测试方法标准、产品标准，还有很多其他产品标准或企业标准。相对于方法标准，产品标准和企业标准的要求可能更为具体和明确。比如 ISO 12944-6: 2018 色漆和清漆——防护涂料体系对钢结构的腐蚀防护-第 6 部分：实验室性能试验方法中明确要求，当防护涂料体系干膜厚度 ≤250 μm 时，按 ISO 2409：2000 用划格法测试附着力；当防护涂料体系干膜厚度 > 250 μm 时，按 ISO 4624：2016 用拉开法测试附着力。试验人员需要根据涂层用途、特性、厚度等参数选择适合的测试方法，以此科学地评价涂层的附着强度。（以上涂层附着力测试方法引用涂料工业之涂层与防护）

后记

　　注塑成型未来的展望：注塑成型作为一种广泛应用的制造技术，在过去的几十年中已取得了显著的进步。随着科技的不断进步和市场的日益竞争，注塑成型行业面临着前所未有的机遇和挑战。本文旨在探讨注塑成型技术的各个环节的技术原理和综合各环节的技术快速准确的解决问题，也希望试模的步骤和试模／设计填写的表单可以做为注塑行业的统一标准和规范，来助力整个注塑行业的进步和发展。

一、技术创新推动发展

　　随着人工智能、大数据和物联网等技术的快速发展，注塑成型行业将实现更高程度的自动化和智能化。智能注塑机、自动化生产线和物联网技术将帮助企业实现生产过程的高效监控和管理，从而提高产品质量和生产效率。此外，新型材料、新型模具和先进工艺的研发，将进一步拓宽注塑成型技术的应用领域。

二、绿色环保成为行业趋势

　　随着全球环保意识的日益增强，注塑成型行业将更加注重绿色生产和可持续发展。未来，注塑成型技术将致力于降低能耗、减少废弃物产生和回收利用等方面，以降低生产成本和减少环境污染。此外，采用生物降解材料和循环利用技术也将成为行业发展的新趋势。

三、个性化定制需求增长

　　随着消费者对个性化产品的需求日益增长，注塑成型行业将面临更多样化的定制需求。为满足市场需求，注塑成型企业需要提高生产灵活性，采用模块化设计和快速换模技术，以便快速调整生产线，满足客户的个性化定制需求。

四、国际合作与交流加强

随着全球经济一体化的加速，注塑成型行业将加强国际合作与交流，共同推动技术进步和产业发展。通过参与国际展览、研讨会和技术交流活动，企业可以了解国际最新技术动态和市场趋势，拓宽视野，增强国际竞争力。

五、人才培养与技术创新

注塑成型技术的未来发展离不开人才的培养和技术创新。未来，行业将更加注重人才培养和技术创新，通过举办培训班、研讨会和技术交流活动，提高从业人员的技能水平和专业素养。同时，加强与高校、研究机构的合作，推动产学研一体化发展，为注塑成型技术的创新提供有力支持。

六、智能制造助力产业升级

智能制造是注塑成型行业未来发展的重要方向。通过引入智能设备、传感器和执行器等，实现生产过程的智能化监控和管理，提高生产效率和产品质量。此外，利用大数据分析和云计算技术，实现生产数据的实时分析和处理，帮助企业实现精细化管理，降低运营成本。

七、总结

注塑成型技术在未来将继续保持快速发展势头，技术创新、绿色环保、个性化定制、国际合作与交流以及人才培养和技术创新将成为行业发展的重要驱动力。面对未来，注塑成型企业需要紧跟时代步伐，积极拥抱新技术，不断提高自身竞争力，为整个注塑行业的发展做出更大贡献。

www.ingramcontent.com/pod-product-compliance
Lightning Source LLC
Chambersburg PA
CBHW081537190326
41458CB00015B/5575